Antonia M. Cornelius

Buchstaben im Kopf

Was Kreative über das Lesen wissen sollten,
um Leselust zu gestalten.

verlag hermann schmidt

In Liebe zum Leser

Wenn Sie Schriften entwerfen und einsetzen, achten Sie auf Ästhetik, Proportionen und Details, Sie arbeiten mit Dynamik und Balance und schaffen eine Inszenierung des Textes. Da Sie seit der Grundschulzeit selbstverständlich lesen können, denken Sie vermutlich wenig darüber nach, was für eine unglaubliche Fähigkeit das Lesen eigentlich ist.

> Menschen können kleine Zeichen – von denen einige durch Spiegelung oder Drehung eine vollkommen neue Bedeutung erhalten – mit beinahe schlafwandlerischer Sicherheit in Bildwelten und Emotionen wandeln, sie sehen beim Lesen vor ihrem geistigen Auge Farben und Formen, meinen, Gerüche und Geräusche wahrzunehmen und sind sich des Lesevorgangs selbst nicht bewusst.

Sie können diesen komplexen Vorgang beflügeln oder behindern. Wenn Sie den Vorgang des Lesens kennen, wird der von Ihnen in Szene gesetzte Text beim Leser besser ankommen. Dass Sie darüber hinaus die Bausteine Ihres Kreativ-Baukastens souverän nutzen, macht Ihre Gestaltung zum ästhetischen Genuss.

> In der Hochschule hat das vielleicht den Rahmen gesprengt – oder Sie sind mit tradierten und inzwischen weitestgehend widerlegten Theorien aus den Sechzigern konfrontiert worden. Denn die komplexe Lese- und Lesbarkeitsforschung der letzten Jahre wurde bislang nicht für Kreative heruntergebrochen.

Das ist das Verdienst des vorliegenden Buches: Es rückt allgemeinverständlich und praxisnah die neuen Erkenntnisse zum Vorgang des Lesens und zu Lesbarkeit in den Fokus Ihres Interesses und baut darauf einen Leitfaden zum Schriftentwurf und zur Gestaltung mit Schrift auf. Weil Gestaltung von und mit Schrift zu wichtig ist, um sie »nur« mit den Augen des Gestalters zu beurteilen …

> Karin & Bertram Schmidt-Friderichs – Mainz im Oktober 2017

Einleitung

In unserem täglichen Leben ist Schrift allgegenwärtig – wir nehmen sie als Selbstverständlichkeit hin. Wir lesen morgens die Zeitung (analog oder digital), auf dem Weg zur Arbeit führen uns Schriften durch den Verkehr, dort angekommen empfangen wir die ersten E-Mails. Beim Einkaufen sprechen die Beschriftungen der Verpackungen zu uns, Anzeigetafeln verraten uns den Benzinpreis oder wann und wo die nächste Bahn fährt, Kleingedrucktes weist uns auf die richtige Einnahme von Medikamenten hin. Über den ganzen Tag hinweg lesen wir Mitteilungen auf unseren Smartphones und schließlich abends im Schummerlicht ein Buch.

In all diesen Situationen kommunizieren die verwendeten Schriften mit unserem Unterbewusstsein und erleichtern oder erschweren unserem Sehsystem das Lesen. Jede Lesesituation wird dabei von unterschiedlichen Faktoren beeinflusst. Sind wir etwa im Straßenverkehr unterwegs, lesen wir oft unter sehr schwiegen Bedingungen: aus ungünstigen Betrachtungswinkeln, mit erhöhter Geschwindigkeit, bei schlechtem Wetter, tiefstehender Sonne oder Dunkelheit. Einen wissenschaftlichen Text lesen wir hingegen in einem ruhigeren Moment und mit mehr Konzentration.

Da Schrift unter sehr unterschiedlichen Bedingungen zum Einsatz kommt, ist nicht jede Type für jede Anwendung gleich gut geeignet – eine gezielte Schriftwahl beeinflusst die Lesbarkeit eines Textes positiv. Dabei sind anfangs detailtypografische Grundlagen zu beachten, die die Eignung einer Schrift auf bestimmte Anwendungsbereiche beschränken. Um Schrift allerdings zu lesen, müssen wir zunächst Buchstaben sehen und verarbeiten. Doch wie schaffen wir es, die Vielfalt an Schriftarten und selbst unleserliche Handschriften so schnell zu entschlüsseln?

Ein Blick auf die neueren Forschungen der Kognitionswissenschaft und der Wahrnehmungspsychologie vermittelt eine Vorstellung von den komplexen Vorgängen beim Lesen und hilft zu verstehen, warum letztendlich die eine Schrift leichter zu lesen ist als eine andere. Diese aktuellen Forschungsergebnisse ergänzen vieles, was bislang über das Lesen in Typografiebüchern stand, um wichtige Aspekte. Und sie bewerten so manches auch um. Dieses Wissen gibt schließlich wertvolle Hinweise für die Gestaltung sowie den Einsatz von leserlichen Schriften.

Zugunsten der Lesbarkeit wird auf die gleichzeitige Verwendung männlicher und weiblicher Sprachformen verzichtet. Sämtliche Personenbezeichnungen gelten gleichermaßen für beiderlei Geschlecht. Auch sind Schriftbeispiele, die unvorteilhafte Eigenschaften veranschaulichen, nicht per se als schlechte Schriften zu betrachten, sondern lediglich als für den einen bestimmten Zweck ungeeignet. Zudem beziehen sich alle Aussagen über Leserlichkeit und Lesbarkeit auf gedruckte Textschriften, sofern nicht ausdrücklich anders genannt.

1

1   WOMIT WIR ARBEITEN

Buchstaben — 10
- Schriftzeichen
- Serifen
- Achse
- Buchstabenabstand
- Grundbuchstaben
- Schriftschnitte
- Kursive

Schriften für bestimmte Zwecke — 22
- Charakter & Atmosphäre
- Designgrößen
- Textarten
- Textschriften
- Displayschriften

Leserlichkeit & Lesbarkeit — 30

2

2   LESEN

Was und wie wir sehen — 36
- Sehen
- Lichtbrechung
- Kontrast
- Scharf sehen
- Sichtfenster

Wie wir lesen — 44
- Der Lesevorgang
- Fixationen
- Lesegeschwindigkeit

Was beim Lesen passiert — 48
- Neuronales Recycling
- Protobuchstaben
- Ein universelles Prinzip
- Netzwerken

Wie wir Buchstaben erkennen — 56
- Abstraktion
- Neuronale Spezialisten
- Merkmal-Abgleich
- Die obere Hälfte
- Spiegelsymmetrie

Wie wir Wörter erkennen — 66
- Wortbilder
- Parallele Buchstabenerkennung
- Bigramme
- Wörter mit Baumstruktur
- Zwei parallele Lesewege
- Transparenz der Sprache

Wie wir uns täuschen — 78
- Vollautomatisches Lesen
- Optische Täuschungen

3 ENTWERFEN

Eine große Familie	90
Proportionen	100
Strichstärke & Kontrast	106
Form & Gegenform	112
Formenkanon	116
Leserliche Buchstaben	118

    Verwechslungsgefahr
    Formgruppen
    Besser leserliche Buchstabenformen
    Serif oder Sans
    Designlösungen

Besondere Anpassungen	128

    Optical Scaling
    Optimierung für kleine Punktgrößen
    Ink Traps
    Dwiggins M-Formel

Zwischenräume	136

    Zurichtung
    Kerning
    Wortabstand

4 ANWENDEN

Lesetypografie	146

    Schriftgröße, Zeilenlänge & Abstand
    Wahre Schriftgrößen
    Satzart
    Gemeine & Versalien

Detailtypografie	156

    Ligaturen
    Kapitälchen
    Mediävalziffern
    Sprachanpassungen
    Laufweite anpassen

Schrift & Ausgabemedium	164

    Drucktechnik & Papierwahl
    Bildschirmdarstellung
    Äußere Einflüsse

5 ANHANG 172

    Index
    Quellenverzeichnis
    Schriftenverzeichnis
    Literaturhinweise
    Links
    Dank
    Über die Autorin
    Impressum

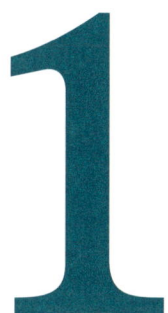

WOMIT WIR ARBEITEN

Eine Schrift und ihre Zeichen setzen sich aus vielen Komponenten zusammen. Wie diese im Einzelnen gestaltet sind, prägt den Charakter und die Verwendbarkeit der Schrift. So wird eine geeignete Schrift zum einen den physischen Bedingungen ihrer Anwendung gerecht, zum anderen unterstützt sie inhaltlich auf der emotionalen Ebene. Für alle Einzelteile und gestalterischen Details der Buchstaben gibt es spezielle Bezeichnungen, mit denen wir Schriften und ihre Gestaltung präzise beschreiben können.

Buchstaben   10
   Schriftzeichen
   Serifen
   Achse
   Buchstabenabstand
   Grundbuchstaben
   Schriftschnitte
   Kursive

Schriften für bestimmte Zwecke   22
   Charakter & Atmosphäre
   Designgrößen
   Textarten
   Textschriften
   Displayschriften

Leserlichkeit & Lesbarkeit   30

Buchstaben

Eine Schrift setzt sich aus der Kombination mehrerer Buchstaben zusammen, die das gleiche Formprinzip verfolgen. Dieses Kapitel gibt einen ersten Einstieg in die Begrifflichkeiten der Schriftgestaltung.

DAS SCHRIFTZEICHEN verwendet auch in der digitalen Schriftgestaltung noch die Bezeichnungen des Bleisatzes. Jedes Zeichen einer Schrift steht auf einem sogenannten *Kegel,* in dessen Höhe sich das Schriftbild mit Ober- und Unterlängen einpasst. Je nachdem, wie ausgeprägt diese sind, wird daher die für die Leserlichkeit wichtige *x-Höhe* (Bereich von der Grundlinie bis zur Oberkante von etwa n, o, a) größer oder kleiner dargestellt, sodass Schriften trotz identischer Punktgröße unterschiedlich groß wirken können (→ *Wahre Schriftgrößen, S. 150*). Im Bleisatz mit gegossenen Bleilettern ist die Kegelhöhe abhängig vom Schriftgrad. Alle Zeichen aller 12-Punkt-Schriften haben also dieselbe Kegelhöhe. Bei digitalen Schriften wird hingegen nur noch mit einem einzigen Zeichensatz für alle Schriftgrößen gearbeitet, hier wird der virtuelle Kegel auf die gewünschte Punktgröße skaliert. Die *Dickte* (Breite) des Kegels variiert je nach Weite des Zeichens und seiner Vor- und Nachbreite – also wie viel *Fleisch* (Weißraum) zwischen Bild und Kegelkante hinzugefügt wurde (→ *Buchstabenabstand, S. 14*).

Die Dickte ist die parallel zur Grundlinie gemessene Gesamtbreite eines Zeichens inklusive dessen Abstand zum Kegel des vorangegangenen (Vorbreite ①) bzw. nachfolgenden (Nachbreite ②) Buchstabens.

Das Bild (oder Schriftbild) bezeichnet die druckende Fläche eines Zeichens.

Der Kegel umgibt jedes Schriftzeichen. Seine Höhe richtet sich nach dem Ausmaß der Ober- und Unterlängen. Der Raum zwischen Schriftbild und Kegelkante (③ und ④) bildet den Durchschuss (Zeilenabstand) bei kompress gesetztem Text (ohne zusätzlich eingefügten Zeilenabstand).

Buchstaben 11

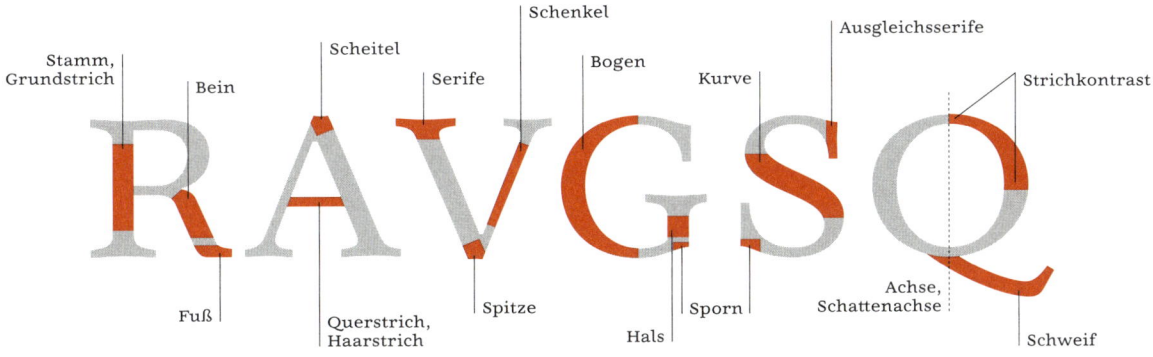

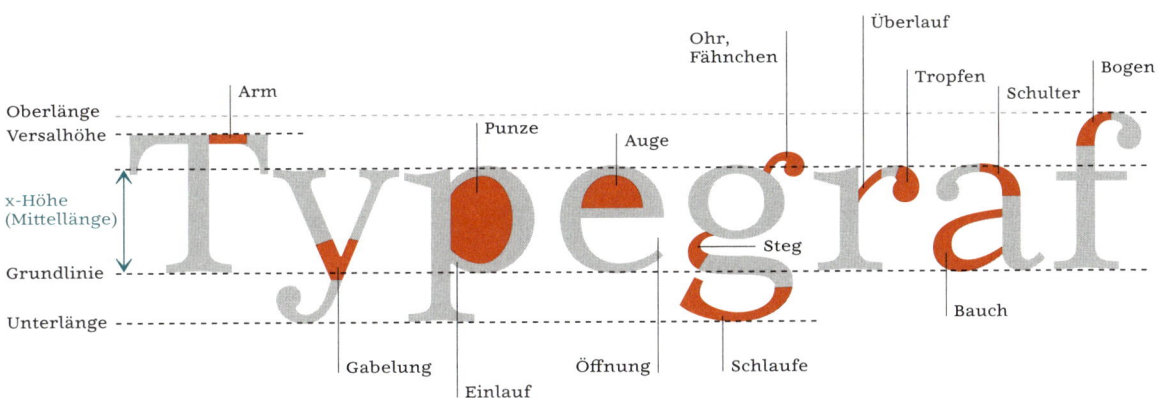

Die Anatomie der Buchstaben beschreibt die einzelnen Elemente der Zeichen und erinnert in ihrer Namensgebung häufig an den menschlichen Körper.

Die x-Höhe (oder Mittellänge) nimmt entscheidenden Einfluss auf die Leserlichkeit, da das Schriftbild unterschiedlich groß erscheint, je nachdem, wie groß sie im Vergleich zu Ober- und Unterlängen ausfällt.

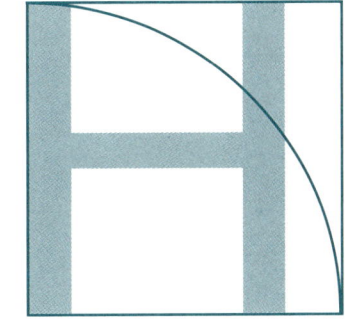

Das Geviert ist eine relative typografische Maßeinheit. Es bildet ein Quadrat, dessen Kantenlänge der Höhe eines *H* entspricht (alternativ auch hp-Höhe). Seine Größe ist daher abhängig vom jeweiligen Schriftgrad.

SERIFEN sind kleine »Füßchen« an den Strichenden. Sie haben ihren Ursprung in der Pinselschreibtechnik des antiken Roms, wobei der Strich mit einem kurzen Bogen in horizontaler Richtung abgeschlossen wurde. Die Serifen haben sich im Laufe der Epochen stetig verändert, sodass sie die unterschiedlichsten Formen annehmen können. Deshalb an dieser Stelle nur ein kurzer Überblick über die Basisformen:

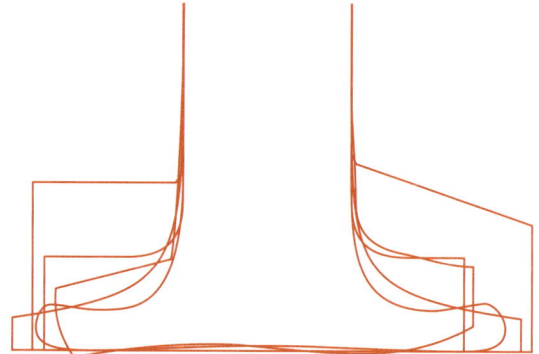

mit Pinsel geschriebene Serife

gekehlte und gewölbte Serife

gerundete Serife

Haarlinien-Serife (Klassizistische Antiqua)

betonte Serife (Slab Serif)

Kopfserifen werden Serifen am Kopf des Buchstabens genannt. Je nach Klassifikation oder Stil einer Schrift sind diese Serifen ähnlich wie die Fußserifen gestaltet und zeigen einen sichtbaren Einfluss des imitierten Schreibwerkzeugs. Auch bei Serifenlosen kann der Anstrich unterschiedliche Formen annehmen.

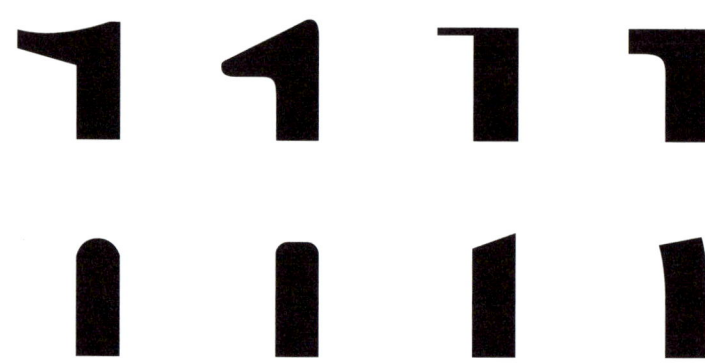

DIE ACHSE – auch Schatten- oder Neigungsachse – gibt bei Schriften mit wechselnder Strichstärke den Verlauf des Strichstärkenkontrastes vor und liegt entlang der Partien mit der geringsten Strichstärke. Je nach zugrunde liegendem Schreibwerkzeug und gehaltenem Winkel ergibt sich eine stark, leicht oder gar nicht geneigte Achse mit einem mehr oder weniger unvermittelten Strichstärkenkontrast.

Die Renaissance-Antiqua beispielsweise beruht auf dem Schreiben mit der Breitfeder, die in einem 30°-Winkel gehalten wird. Es ergibt sich eine deutlich geneigte Achse, entlang derer ein mäßiger Strichstärkenkontrast verläuft. Die Achse ist ein wichtiges Indiz für die Schriftklassifikation, da sie sich im Laufe der Fortentwicklung der Antiqua-Schriften immer weiter aufrichtet, bis sie schließlich im Klassizismus des 18. Jahrhunderts ganz senkrecht steht. Diese Entwicklung liegt in der damaligen Mode des Schreibens mit der Spitzfeder begründet, die je nach ausgeübtem Druck sehr feine, aber auch kräftige Linien und damit einen hohen Strichkontrast ermöglicht.

Die Ausrichtung der Achse ist besonders deutlich bei Zeichen mit Rundungen zu erkennen *(o, e, c)*, indem der Neigungsgrad der Innenräume dem Verlauf des Strichstärkenkontrastes folgt. Sie lässt sich aber auch bei anderen Buchstaben wiederfinden, etwa bei Antiqua-Schriften mit einer unterbrochenen Schreibweise (die Buchstaben werden aus mehreren Zügen gebildet →*Sabon,* im Gegensatz zur →*Kursiven, S. 20*): Dort weisen aus dem Stamm austretende oder einmündende Bögen bei *n, m, h, b* und *d* entsprechende Winkel auf. Innerhalb einer Schrift sollte immer ein ähnlicher Winkel beibehalten werden, um ein stimmiges Gesamtbild zu erhalten.

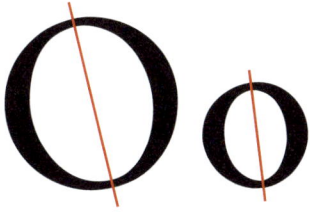

Renaissance-Antiqua:
deutlich geneigte Achse
Garamond Premier Pro Regular

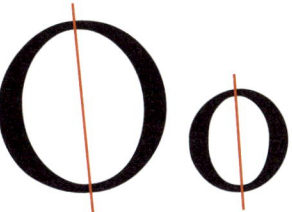

Barock-Antiqua:
aufgerichtete Achse
Adobe Caslon Pro Regular

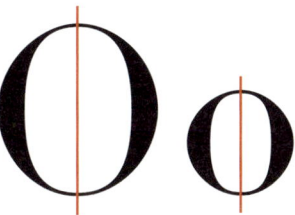

Klassizistische Antiqua:
senkrechte Achse
Didot LT Pro Roman

Sabon Roman

DER BUCHSTABENABSTAND bildet sich aus der Addition der festgelegten Vor- und Nachbreiten zweier aufeinanderfolgender Zeichen. Damit alle Lettern möglichst harmonisch miteinander kombiniert werden können, ist ihre Positionierung auf dem Kegel ausschlaggebend – *Zurichtung* genannt. Die Weite der Buchstabenabstände steht optisch in Beziehung mit dem Weißraum innerhalb der Zeichen und sollte so gewählt werden, dass sich ein regelmäßiger Rhythmus aus schwarzen Stämmen bzw. Rundungen und weißen Innen- bzw. Zwischenräumen ergibt. Eine Schrift mit breiten proportionierten Lettern benötigt daher größere Abstände als eine mit schmaleren (→ *Zwischenräume, S. 136*). Eine ausgeglichene Zurichtung ist für die Qualität einer Schrift ebenso wichtig wie die Buchstabenformen selbst – je sorgfältiger sie durchgeführt wird, desto mehr profitiert die Lesbarkeit.

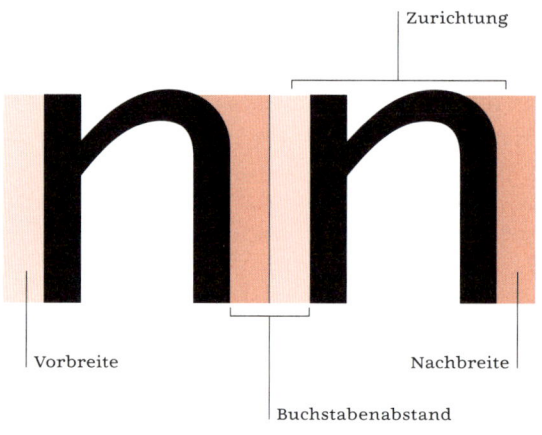

> Über die Laufweite lassen sich die Buchstabenabstände in Satzprogrammen nachträglich proportional vergrößern bzw. verkleinern. Das ermöglicht eine Verbesserung der Lesbarkeit in unterschiedlichen Schriftgrößen, indem der Weißraum auf die optischen Einflüsse abgestimmt wird (→ *Lichtbrechung, S. 38*). Dazu sollte die Laufweite in kleinen Punktgrößen und bei Negativsatz ins Positive und in großen Schriftgraden ins Negative angepasst werden (→ *Laufweite anpassen, S. 162*).

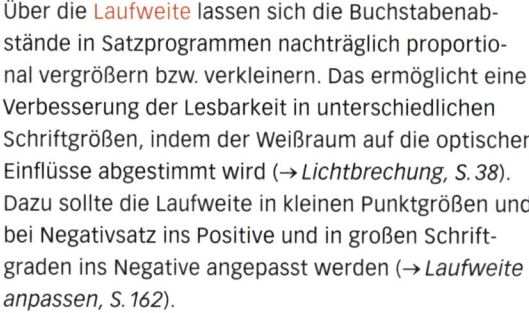

-50 Die Laufweite vergrößert oder verringert die

0 Die Laufweite vergrößert oder verringert

+50 Die Laufweite vergrößert oder ver-

Der Buchstabenabstand wird in Satzprogrammen proportional zur Schriftgröße reguliert. Bei erhöhter Laufweite wird Weißraum zwischen den Zeichen hinzugefügt, bei negativer Laufweite wird der Abstand zwischen allen Zeichen gleichermaßen verringert, das Schriftbild wird dunkler.

Kerning. Nicht alle Buchstaben lassen sich allein durch die Zurichtung harmonisch miteinander paaren, so dass zu große oder zu geringe Abstände die Lesbarkeit beeinträchtigen. Um den stetigen Rhythmus im Schriftbild zu wahren, kommt daher das Kerning zum Einsatz. Es ermöglicht, den Abstand einer bestimmten Zeichenkombination individuell zu definieren, indem ein Zeichen in den Weißraum eines benachbarten Zeichens eindringt und so eine zu große Lücke schließt oder zusätzlicher Weißraum zwischen zwei zu dicht stehenden Zeichen eingefügt wird. Beispiele sind: *To, Tr, y, Vo, We, Ye*. Besonders häufig benötigen Interpunktionszeichen diese Extrabehandlung *(f', f?, T., V,)* (→ *Optisches und Metrisches Kerning, S. 16,* → *Kerning, S. 142*).

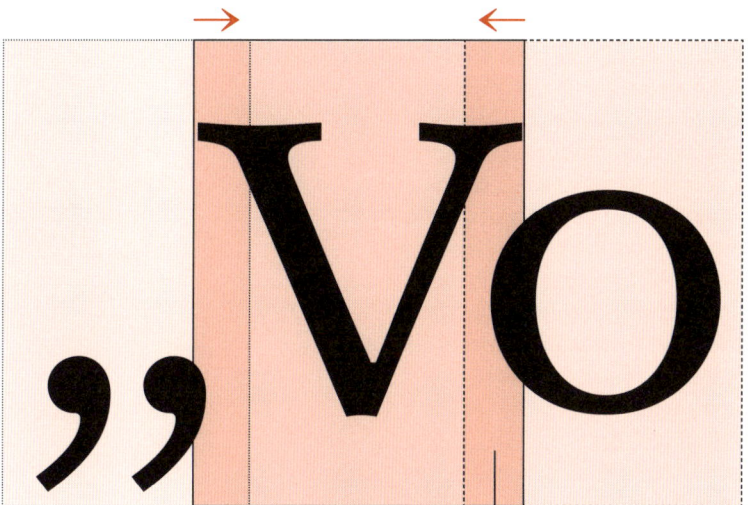

Kerning (optischer Ausgleich). Ein Zeichen ragt in den Weißraum eines anderen Zeichens hinein, um so einen zu großen Abstand zu korrigieren.

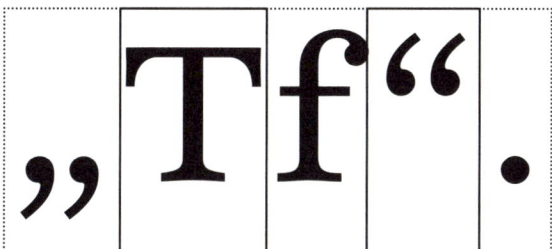

Ohne Kerning

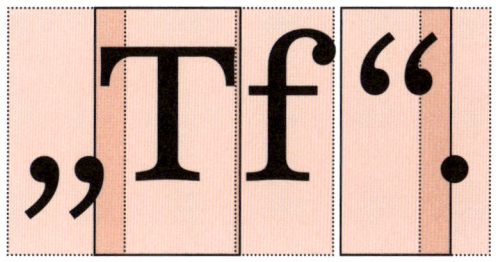

Mit Kerning: Weißräume werden durch Verringern oder Erweitern der Abstände bestimmter Zeichen ausgeglichen.

Optisches und Metrisches Kerning bezeichnen zwei unterschiedliche Methoden, mit denen das Standard-Kerning von Schriften definiert wird. Es kann durch den Anwender beispielsweise im Zeichenfenster von Programmen der Adobe Creative Suite ausgewählt werden. Leider ist jedoch die Namensgebung *optisch* und *metrisch* irreführend: *Optisch* suggeriert dem Nutzer eine visuelle Optimierung der Abstände, wohingegen *metrisch* an einen technischen Ausgleich denken lässt. Genau das Gegenteil ist allerdings der Fall.

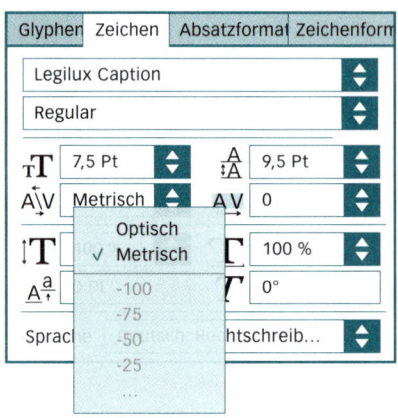

> Das *optische* Kerning basiert auf einer automatischen Analyse der einzelnen Zeichenformen und wird mithilfe eines Algorithmus vom Programm selbstständig vorgenommen. Die Werte werden also rein rechnerisch definiert und im Font hinterlegte Kerningwerte ignoriert. Hinzu kommt, dass das *optische* Kerning sich nicht nur auf die Korrektur der Abstände bestimmter Zeichenpaare beschränkt, sondern die Abstände zwischen allen Zeichen neu bestimmt, sodass bei gut zugerichteten Schriften der Schwarz-Weiß-Rhythmus von Schriftbild und Weißräumen gestört werden kann.

Das *metrische* Kerning (auch als *Auto* bezeichnet) hingegen bezieht seine Informationen aus einer in der Fontdatei hinterlegten Liste, in der vom Typedesigner korrigierte Werte für problematische Zeichenkombinationen definiert wurden. Diese Werte basieren auf der optischen Beurteilung und Erfahrung des Gestalters. Allerdings werden nicht immer alle möglichen Kombinationen von den Schriftgestaltern bedacht, weshalb das Kerning einer verwendeten Schrift im Auge behalten und ggf. nachgebessert werden sollte.

In Adobe Illustrator gibt es für japanische Typografie zusätzlich die Option *Metrics – Roman Only*. Sie ermöglicht, dass lediglich im Text vorkommende lateinische Zeichen gekernt werden.

> Das *optische* Kerning kann allerdings bei der Nutzung schlecht zugerichteter Fonts bessere Ergebnisse liefern. Bei professionellen Fonts kann es außerdem unter Umständen das Kerning in Display-Größen (→ *Displayschriften, S. 28*) verbessern. In keinem Fall sollten Sie es aber bei Schriften verwenden, die nur mit den vom Designer festgelegten Buchstabenabständen funktionieren, wie zum Beispiel Monospace- und verbundenen Schreibschriften. Im Zweifel sollten Sie daher immer das *metrische* Kerning nutzen.

Monospace-Schriften besitzen für alle Zeichen eine einheitliche Dickte (sie sind *dicktengleich*), alle Lettern sind auf dieselbe Breite angepasst – ein *i* ist also genauso breit wie ein *m*. Ihren Ursprung haben diese nichtproportionalen Schriften in den Schreibmaschinenschriften.

metrisches Kerning

Das *Kerning* bestimmt den Abstand zwischen zwei spezifischen Zeichen.

optisches Kerning,
zu große Abstände

Legilux Regular

Das *Kerning* bestimmt den Abstand zwischen zwei spezifischen Zeichen.

metrisches Kerning

optisches Kerning,
zu geringe Abstände

The Sans Semi Light

metrisches Kerning

optisches Kerning,
unbrauchbare Abstände

Mila Script Pro

metrisches Kerning

optisches Kerning,
unbrauchbare Abstände

Ubuntu Mono Regular

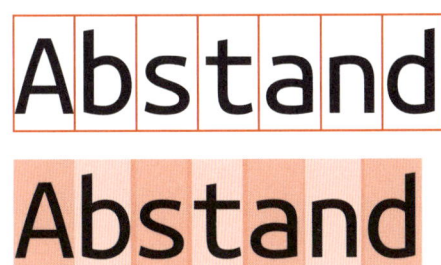

Das *optische* Kerning manipuliert die Buchstabenabstände anhand eines Algorithmus. Dabei werden die im Font hinterlegten Werte für Zurichtung und Kerning ignoriert, sodass professionelle Fonts nicht von dieser Option profitieren – im Gegenteil, der mühevoll erarbeitete Rhythmus wird meist gestört. Im Textgrößenbeispiel *(Legilux)* fügt das *optische* Kerning zu große und unausgewogene Abstände ein, in der Headlinegröße *(The Sans)* bemisst es fast durchweg zu geringe Abstände. Monospace- oder verbundene Schreibschriften werden durch die veränderten Zwischenräume sogar unbrauchbar. Bis auf wenige Ausnahmen liefert daher das *metrische* Kerning in der Regel die besseren Ergebnisse.

GRUNDBUCHSTABEN stellen das gestalterische Fundament einer Schrift dar. Sowohl für das versale (Großbuchstaben) als auch das gemeine (Kleinbuchstaben) Alphabet bilden jeweils drei wesentliche Buchstaben die Basis: *H, O, V* sowie *n, o, v*. Sie bestimmen die grundlegenden Gestaltungskriterien und aus ihrer Kombination gehen Buchstaben zweiter Ordnung hervor: *D, E* oder *h, d* (→ *Eine große Familie, S. 90*). Die Grundbuchstaben geben Proportionen, Strichstärken und -kontrast, Achse sowie weitere Charakteristika wie Duktus oder Serifenform für alle weiteren Zeichen vor. Die Berücksichtigung gemeinsamer Gestaltungsmerkmale ist für den Zusammenhalt einer Schrift elementar.

Grundbuchstaben geben einem Alphabet Proportionen, Strichstärke und -kontrast, Verlauf von Rundungen sowie Formdetails vor. Diese einmal festgelegten Prinzipien sollten in der ganzen Schrift fortgeführt werden, damit ein einheitliches Schriftbild entstehen kann.

Legilux Sans

SCHRIFTSCHNITTE bezeichnen verschiedene Varianten einer Schrift hinsichtlich Strichstärke, Proportionen oder anderer Besonderheiten (z.B. verwendeter Effekte). Benennungen wie *Light, Regular* und *Bold* beziehen sich auf unterschiedliche Strichstärken. Zusätze wie *Extended* oder *Condensed* weisen auf verbreiterte bzw. verengte Proportionen hin. Des Weiteren gibt es verschiedene Schriftschnitte für unterschiedliche Schriftgrößen, beispielsweise *Caption* für kleine Bildunterschriften, *Subhead* oder *Display* für größere Überschriften (→ *Optical Scaling, S. 128*). Manche Schriften tragen hierzu gleich eine Bezeichnung der zu verwendenden Punktgröße: *Six, Twelve* oder *Seventytwo* (→ *Designgrößen, S. 23*). Einige Schriftarten verfügen auch über einen Schnitt mit passenden Symbolen oder Ornamenten.

Die genaue Bezeichnung der Schriftschnitte kann dabei von Schrift zu Schrift variieren, obwohl kaum ein Unterschied in der Strichstärke erkennbar ist. Was bei der einen Schrift als *Thin* ausgewiesen wird, ähnelt der Strichstärke des *Light*-Schnitts einer anderen Schrift. Daher geben die Namen der verschiedenen Schnitte nur einen Anhaltspunkt für die Art des jeweiligen Schriftschnitts. Genormte oder allgemeingültige Richtwerte, ab welcher Strichstärke oder welchen Proportionen welche Bezeichnung greift, gibt es nicht – lediglich Vorschläge von einigen Firmen.

Besondere Effekte

Outline
Neue Helvetica 75 Bold

INLINE
Neutraface 2 Display

SHADOW
Gill Sans Std

RUSTIC
Nexa Rust Slab

SWASH
Minion Italic

SMALL CAPS
Whitman

Fetten

Extra Light
Light
Semi Light
Regular
Semi Bold
Bold
Extra Bold
Black
The Sans

Weiten

Extended
Wide
Regular
Narrow
Condensed
Compressed
FF Clan

Optische Größen

Display
Subhead
Text
Caption
Kepler Std

DIE KURSIVE war einst eine völlig eigenständige Schriftform. Erst im 17. Jahrhundert wurde sie als Auszeichnungsschrift mit der aufrechten Antiqua kombiniert. Eine echte Kursive zeichnet sich nicht nur durch die leichte Schrägstellung nach rechts aus (es gibt auch aufrechte Kursive), sondern vielmehr durch ihre eigenständigen Formen, die aus dem schnellen Schreiben entstanden und ein sehr fließendes Schriftbild formen. So wechselt das *a* in eine geschlossene Form, manchmal auch das *k*, das *f* erhält eine Unterlänge und häufig verändert sich zudem die Konstruktion des *g* von der unterbrochenen in eine laufende. Es wird also ohne abzusetzen, in einem Zug geschrieben, wohingegen sich das Antiqua-g in drei Zügen aufbaut: zuerst der Kopf, in einem zweiten Schritt die Schlaufe und zuletzt das Ohr.

Heute ist eine weit verbreitete Meinung, dass längere Passagen in Kursiven vermieden werden sollten, da diese weniger leserlich seien als die aufrechten Antiqua-Schriften. Das liegt vermutlich zum einen an der gegenwärtigen Gewohnheit der Leser – früher wurden sogar ganze Bücher in Kursiv gesetzt. Zum anderen ist die traditionelle Kursive deutlich schmaler als die Antiqua. Außerdem verringert sich die Unterscheidbarkeit der Lettern *a* und *g*, wenn sie in die laufende Schreibweise wechseln, weshalb wahrscheinlich viele Kursive (unabhängig ob Antiqua oder Grotesk) ein dreistöckiges *g* verwenden. Generell gilt dennoch: »We read best, what we read most.« (Zuzana Licko).

Die Bezeichnung *Kursive* stammt von dem lateinischen Wort »currere« für »laufen«, »rennen« und beschreibt den Zweck der Kursiven als schnell zu schreibende Schrift. Der Begriff *Italic* leitet sich vom italienischen Buchdrucker und Verleger *Aldus Manutius* ab. Er verwendete 1501 erstmals eine kursive Druckschrift, die von *Francesco Griffo* geschnitten wurde.

Wechselt das *g* in die laufende Konstruktion, kann es dem geschlossenen *a* sowie dem *d* sehr ähneln.
FF Celeste Regular & Italic

Schriftprobe der schrägen Kursiven
(Aus: Apuleius »De asino aureo«, Aldus Manutius, 1521).

Buchstaben 21

ANTIQUA

kanguf

Die Antiqua-Buchstaben werden im Gegensatz zur Kursiven in mehreren Zügen geschrieben. Das Schreibwerkzeug wird also beim Schreiben eines Zeichens ab- und wieder neu angesetzt. Besonders deutlich ist das bei Minuskeln wie a, *g, n* und *u* zu beobachten.

Fairfield LT Std 55 Medium

KURSIVE

kanguf

Die Kursive ist ein eigenständiger Schriftentwurf, dessen Buchstaben in einem Zug und meist schmaler geschrieben werden, sodass ein fließendes Schriftbild entsteht. Das *a* wechselt in eine geschlossene Form (hier auch das *k*) und das *f* bekommt eine Unterlänge. Kursive Schnitte werden für gewöhnlich als *Italic* bezeichnet.

Fairfield LT Std 56 Medium Italic

HYBRIDE

kanguf

Die *Fairfield* ist mit einem zusätzlichen Italic-Schnitt für kleine Größen *(Caption)* ausgestattet. Seine hybriden Formen erinnern an die Antiqua, da die Strichführung unterbrochen ist. Auch sind die Formen breiter gestaltet als die der Italic, sodass offenere und dadurch in kleinen Größen besser lesbare Buchstaben entstehen.

Fairfield LT Std 55 Medium Caption

ECHTE
KURSIVE

AVEO

ELEKTRONISCH
SCHRÄGGESTELLT

AVEO

Einige Anwendungsprogramme ermöglichen das künstliche Schrägstellen von Schriften. Das sollten Sie unbedingt vermeiden, da durch diese Manipulation ein unausgeglichenes, schlecht leserliches Schriftbild entsteht: Strichstärken und Proportionen werden nicht angeglichen (die echte Kursive ist leichter und schmaler als die Aufrechte), Diagonalen und Rundungen benötigen eine Korrektur, um optisch ausgeglichen zu erscheinen. Schräggestellte Schriftschnitte werden als *Oblique* bezeichnet und sind meistens nicht optisch korrigiert.

Gill Sans Std Italic & Regular

Schriften für bestimmte Zwecke

Verschiedene Einsatzbereiche stellen unterschiedliche Anforderungen an eine Schrift. Da diese so vielseitig sind, kann eine Schrift nur durch eine gezielte Auswahl dem jeweiligen Anwendungsbereich gerecht werden.

CHARAKTER & ATMOSPHÄRE. Durch ihre Formen und ihren Duktus spricht eine Schrift zum Leser. Sie kann leise und vorsichtig klingen oder laut und robust. Sie kann seriös oder informell, kühl oder verspielt erscheinen. Mit ihrer Stimme eignet sich eine Schrift für bestimmte Anwendungsbereiche, die für sie oftmals auch optimiert wurde. Diese Eignung sollten Sie bei Ihrer Schriftwahl unbedingt berücksichtigen. Denn schließlich hat die Schrift einen Zweck zu erfüllen, und nur eine passende Schrift kann der von ihr geforderten Aufgabe erfolgreich nachkommen.

> Eine Überschrift beispielsweise soll die Aufmerksamkeit auf sich ziehen – dazu ist nahezu jedes Mittel recht, und die Lesbarkeit steht eher an zweiter Stelle. Einmal den Betrachter eingefangen, trifft der nächste Blick auf den Fließtext. An ihn werden grundlegend andere Anforderungen gestellt. Seine Stimmung sollte nur in Form einer subtilen Atmosphäre daherkommen, um den Leser nicht vom Inhalt abzulenken. Daher wird die Aura einer Schrift auch als *Atmosphere Value* oder *Look and Feel* bezeichnet. Diese Stimmung einer Schrift wird subjektiv und von Land zu Land unterschiedlich wahrgenommen.

Libelle LT Pro Regular

FF DIN Pro Medium

Die Schriftwahl beeinflusst maßgeblich das Gesamtbild einer Gestaltung und sollte daher von Ihnen als Designer bewusst getroffen werden. Allein durch die Art ihrer Formen verleihen unterschiedliche Schriften demselben Wortlaut eine andere Stimmung. Diesen Umstand können Sie sich in Ihrer Gestaltung zunutze machen, indem Sie durch Ihre Schriftwahl absichtlich irritieren oder den Ton des Inhalts visuell aufgreifen. In der Regel ist es hilfreich, wenn eine Schrift die Art des Inhalts in gewisser Weise widerspiegelt, um dem potenziellen Leser bereits beim Betrachten eine Ahnung vom Wesen des Geschriebenen zu vermitteln. Ein Verbotsschild in einer floral-dekorativen Schreibschrift wird vermutlich von kaum jemandem ernst genommen und lädt eher noch dazu ein, das Verbotene zu tun.

Schriften für bestimmte Zwecke 23

	36 Pt	18 Pt	11 Pt	6 Pt
Display ≥ 24 Pt	Gestalt	Gestalt	Gestalt	Gestalt
Subhead 13–24 Pt	Gestalt	Gestalt	Gestalt	Gestalt
Text 9–12 Pt	Gestalt	Gestalt	Gestalt	Gestalt
Caption ≤ 8 Pt	Gestalt	Gestalt	Gestalt	Gestalt

Kepler Std Display, Subhead, Text, Caption

DESIGNGRÖSSEN. Schrift wird in den unterschiedlichsten Größen angewendet. Mal lesen wir die Sportergebnisse in nur 6 Pt, mal ein Buch in 12 Pt, dann wieder ein Werbeplakat in rund 500 Pt. Aufgrund unserer optischen Wahrnehmung wirkt dieselbe Schrift jedoch in unterschiedlichen Größen nicht gleich. Weißräume, Strichstärken und Proportionen erscheinen uns ab einem gewissen Größenunterschied verändert. Daher werden gut ausgebaute Schriftfamilien mit optisch angepassten Schriftschnitten ausgestattet, die die jeweiligen Anforderungen der Designgrößen gezielt bedienen (→ *Optical Scaling, S. 128*). Dabei verweisen ihre Bezeichnungen häufig auf die zu verwendende Designgröße: beispielsweise *Six* oder *Caption* für Konsultationsgrößen, *Twelve* oder *Text* für Lesegrößen und *Display* oder *Titling* für Schautextgrößen (→ *Textarten, S. 24*).

TEXTARTEN. Verschiedene Textarten stellen unterschiedliche Anforderungen an eine Schrift und ihre Leserlichkeit, weshalb es zwischen vier Kategorien zu unterscheiden gilt.

Schautexte (13–36 Pt) umfassen Überschriften und Auszeichnungen. Ihre Aufgabe ist, den Blick des Betrachters zu führen – hierfür sind Zeitungen ein gutes Beispiel. Unterschiedliche Überschriftengrößen geben dem Betrachter bereits eine Wertung, ohne dass er den Inhalt gelesen hat. An die Leserlichkeit werden keine hohen Anforderungen gestellt (→ *Displayschriften, S. 28*).

Lesetexte (9–12 Pt) sind die wichtigste Textart, da der Großteil aller gelesenen Texte in diese Kategorie fällt (Bücher, Magazine, Zeitungen, Beipackzettel, Anleitungen, …). Diese Textart stellt sehr hohe Anforderungen an eine Schrift, gewünscht ist vor allem ein ungestörter Lesefluss über eine längere Zeit, ohne vom Inhalt abzulenken und dass der Leser ermüdet (→ *Textschriften, S. 26*). Dass besonders eindeutige Zeichen erforderlich sind, wird am Beispiel des Beipackzettels deutlich: Wenn hier ein unruhiger, von Schmerzen geplagter Leser nicht mühelos erkennen kann, wie viele Tabletten er wann einnehmen darf, kann das fatale Folgen haben.

Konsultationstexte (6–8 Pt) enthalten sekundäre Informationen, die der Leser meist freiwillig liest, sodass die Lesedauer weniger bedeutend ist. Man findet sie als Fußnoten und Marginalien, in Nachschlagewerken oder etwa bei den Sportergebnissen.

Signalisationstexte (wie 4–9 Pt) stellen eine weitere Kategorie der Textarten dar. Auf Beschilderungen ist die Schrift sehr groß dargestellt, weshalb man eine Schaugröße vermuten könnte. Doch da der Betrachtungsabstand zum Teil erheblich ist, entspricht die wahrgenommene Schriftgröße einem Lese- oder sogar Konsultationstext. Zusätzlich müssen Sichtbehinderungen durch Gegenlicht, Blickwinkel, Geschwindigkeit oder Regen kompensiert werden.

Um die unterschiedlichen Anforderungen der verschiedenen Einsatzgebiete zu berücksichtigen, bieten einige Schriftfamilien spezielle Schriftschnitte, die die optischen Einflüsse mit ihrem Design kompensieren (→ *Designgrößen, S. 23*, → *Optical Scaling, S. 128*).

Schautext
Kepler Std Display

Überschriften sind Schautexte

Lesetext
Kepler Std

Verschiedene Textarten stellen unterschiedliche Anforderungen an eine Schrift und ihre Leserlichkeit, weshalb es zwischen vier Kategorien zu unterscheiden gilt. Schautexte (13–36 Pt) umfassen Überschriften und Auszeichnungen. Ihre Aufgabe ist, den Blick des Betrachters zu führen – hierfür sind Zeitungen ein gutes Beispiel. Unterschiedliche Überschriftengrößen geben dem Betrachter bereits eine Wertung, ohne dass er den Inhalt gelesen hat. An die Leserlichkeit werden keine hohen Anforderungen gestellt.

Lesetexte (9–12 Pt) sind die wichtigste Textart, da der Großteil aller gelesenen Texte in diese Kategorie fällt (Bücher, Magazine, Zeitungen, Beipackzettel, Anleitungen, …). Diese Textart stellt sehr hohe Anforderungen an eine Schrift, gewünscht ist vor allem ein ungestörter Lesefluss über eine längere Zeit, ohne vom Inhalt abzulenken. Dass beson-

Konsultationstexte (6–8 Pt) enthalten sekundäre Informationen, die der Leser meist freiwillig liest, sodass die Lesedauer weniger bedeutend ist. Man findet sie als Fußnoten, in Nachschlagewerken oder etwa bei den Sportergebnissen.

Konsultationstext
Kepler Std Caption

Signalisationstext
FF DIN Pro Medium

TEXTSCHRIFTEN sind Schriften für den fortlaufenden Lesetext, wie in Büchern, Magazinen oder auch auf Internetseiten. Unter den Millionen von Schriften, die es auf dem Markt gibt, ist nur eine verhältnismäßig kleine Gruppe für diese anspruchsvolle Aufgabe geeignet – denn an eine Textschrift werden sehr hohe Anforderungen gestellt. Sie soll den Lesefluss unterstützen, weshalb sie weder positiv noch negativ auffallen darf – denn auch besonders schöne oder innovative Formen lenken den Leser vom Inhalt ab. Eine hochwertige Textschrift wird beim Lesen »unsichtbar« (ganz im Gegensatz zu Displayschriften).

Der Fokus dieses Buches liegt zwar auf gedruckten Textschriften, dennoch lassen sich mittlerweile die grundlegenden Parameter (Strichstärke, Strichkontrast, Proportionen, Zurichtung) dank der immer feiner werdenden Auflösung auf Textschriften am Bildschirm übertragen.

> Die Letternformen von Textschriften haben sich seit nunmehr über 500 Jahren kaum verändert. So ist Nicolas Jenson Antiqua von 1470 für uns heute immer noch gut lesbar. Ein möglicher Grund dafür könnte unsere Gewohnheit als Leser sein, da wir stets das am besten lesen, was wir am häufigsten lesen und uns daher vertraut ist. Aber es sind auch einige grundlegende Gestaltungskriterien, die eine Schrift besser lesbar machen: ausgeglichene Proportionen mit offenen, unverwechselbaren Formen, die aber gleichzeitig dieselbe Formensprache sprechen; eine ausgewogene Strichstärke mit mäßigem Strichkontrast, der durch eine leicht geneigte Achse die Horizontale betont; eine optimale Zurichtung, die gemeinsam mit der Strichstärke dafür sorgt, dass ein regelmäßiger Schwarz-Weiß-Rhythmus aus Innen- und Zwischenräumen sowie Stämmen und Rundungen entsteht. Sofern Serifen verwendet werden, sollten diese deutlich, aber nicht zu kräftig sein, sodass sie weder abbrechen, noch das Schriftbild verdunkeln (→ *Entwerfen, S. 89*).

Für eine gute Textschrift müssen nicht zwangsläufig alle diese Kriterien erfüllt werden. Genauso wichtig ist ein zusammenhaltender, stimmiger Einklang. Kein Buchstabe sollte neben einem anderen aus der Reihe tanzen. Die Textseite sollte einen ruhigen, ausgeglichenen Grauton annehmen, ohne dass dunkle Kleckse oder helle Löcher auftreten, da das Auge immer den höchsten Kontrast sucht und daher an solchen Stellen hängen bleibt. Wenn dieses regelmäßige Bild erreicht wird, wurden gute Voraussetzungen für eine optimal leserliche Textschrift geschaffen.

Erste gedruckte Antiqua aus »Laertius« von Nicolas Jenson von 1475 in Venedig.

Schriften für bestimmte Zwecke 27

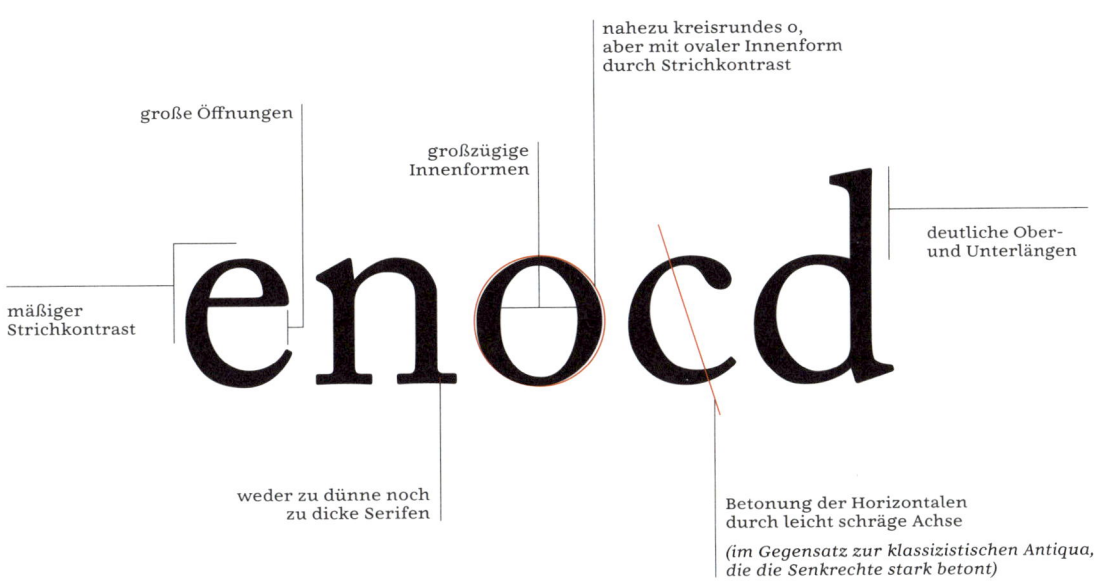

Adobe Caslon Pro Regular

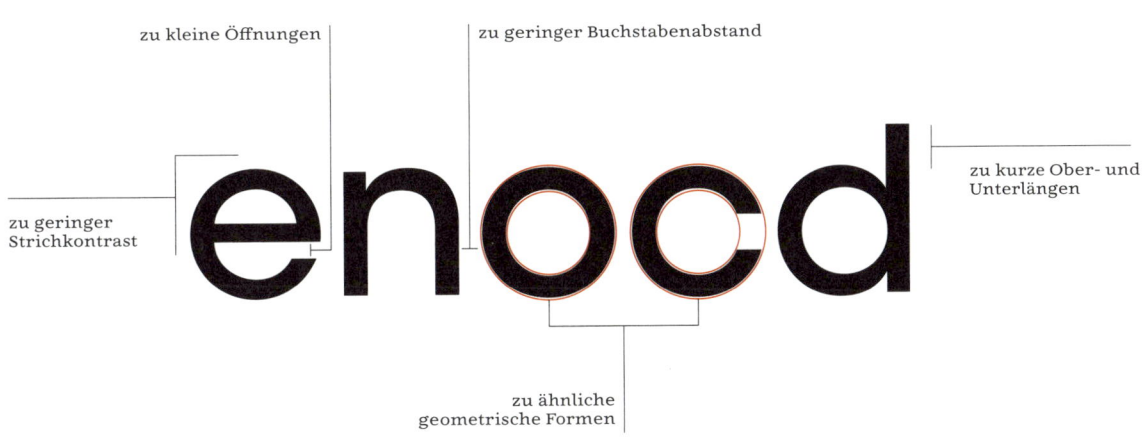

ITC Avant Garde Gothic Std Medium

DISPLAYSCHRIFTEN sind bestimmt für den Einsatz in großen Schriftgraden (ab ca. 15 Pt), wie in Überschriften, Titeln, Schlagzeilen, Plakaten oder sonstigen Hervorhebungen (*display face* = engl. »Auszeichnungsschrift«). Sie sollen als Blickfang dienen und sich gegen alles andere durchsetzen. Noch bevor der Betrachter das Geschriebene liest, vermittelt ihm die Schrift durch ihre Erscheinung ein Gefühl für die Art des Textinhalts. Dieser erste assoziative Eindruck ist das Entscheidende – dabei ist die Palette der Displayschriften unfassbar groß: sie reicht von filigranverspielt bis radikal-ungebändigt. Zugunsten von Ausdruckskraft und Individualität werden die Grenzen der Leserlichkeit ausgereizt. Viele Displayschriften entstehen für Schriftzüge oder Logos. Da bei diesen Anwendungen nicht gleich ein ganzes Alphabet mit Groß- und Kleinbuchstaben gezeichnet werden muss, ist der Gestaltungsfreiraum viel größer.

> Da eine Displayschrift etwas Neues an sich haben muss, um aufzufallen, ist ihre Lebensdauer für gewöhnlich recht kurz – oft spiegeln solche Fonts daher auch den Trend der Zeit wider. Displayschriften eignen sich niemals für den Mengensatz – umgekehrt ist das allerdings durchaus möglich. Ist eine dezentere Wirkung gewünscht, können auch fettere Schnitte der Textschrift für Überschriften verwendet werden. In einer Display-Anwendung können auch Textschriften – mit ihren teils groben Zügen – ihren ganz eigenen Charme entwickeln.

Die Geburtsstunde unserer Auszeichnungsschriften liegt im frühen 19. Jahrhundert, als infolge der Industrialisierung werbende Druckerzeugnisse immer »lauter schreien« mussten, um Beachtung zu finden. Es entwickelten sich *Fat Faces*, die ersten *Groteskschriften* sowie *Egyptienneschriften* – Letztere wurden durch ihren kräftigen, autoritären Ausdruck zum Standard in Display-Anwendungen des 19. Jahrhunderts. Die heutige digitale Fonttechnologie hat die Grenzen der Gestaltungsmöglichkeiten nahezu aufgehoben, und seither entstehen unsagbar viele Displayfonts, die vom Punkt- oder Strichraster, über 3D-artige Konstruktionen bis zu figürlichen Alphabeten reichen.

fame

Auch die Buchstabenformen von Textschriften können in Display-Anwendungen ihren ganz eigenen Charme entwickeln.

Pensum Pro Regular

Stilla LT Std Regular

AKZIDENZ

Cera Pro Black

EGYPTIENNE

Egyptienne Condensed D Bold

Schriften für bestimmte Zwecke

DISPLAYFONT
Yves

Displayfont
Eksell Display Large

DISPLAYFONT
Francis Gradient Std Left — verändert dynamisch die Weite der Zeichen je nach Position im Wort.

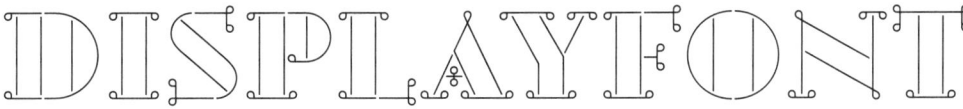
Braga Base

Displayfont alternates
Plinc Chicamakomiko — besitzt alternative Zeichen, die je nach Zeichenkombination durchgetauscht werden.

DISPLAYFONT
Posterama 1913 Bold

Da Displayschriften groß dargestellt werden und meistens nur einzelne Wörter oder kurze Sätze abbilden, können ihre Zeichen sehr extreme Formen annehmen, ohne dem Leser Schwierigkeiten zu bereiten.

Leserlichkeit & Lesbarkeit

Die Eindeutigkeit der Buchstaben ist grundlegend dafür, dass ein Leser Geschriebenes leicht und unmissverständlich entziffern kann. Darauf nehmen zum einen die Buchstabenformen selbst und zum anderen ihre typografische Anwendung Einfluss.

LESERLICHKEIT beschreibt im Allgemeinen die Erkennbarkeit bzw. die Klarheit eines einzelnen Zeichens oder einer kurzen Buchstabenfolge. Sie ist abhängig von den Umständen, unter denen eine Schrift gelesen wird: der Stärke des Kontrastes zwischen Schrift und Hintergrund, dem Verhältnis von Schriftgröße zum Betrachtungsabstand und -winkel, dem individuellen Sehvermögen des Lesers und äußeren Einflüssen wie den Lichtverhältnissen oder Materialeigenschaften des Schriftträgers. Diese Faktoren geben die Rahmenbedingungen für die Gestaltungkriterien einer Schrift vor: wie kräftig der Grundstrich, wie dünn die Haarlinien und wie breit die Buchstaben sein sollten, auf welche Art sich der Strichkontrast bildet und ob Serifen vorteilhaft sind, wie groß der Gestaltungsspielraum bei der Formgebung ist.

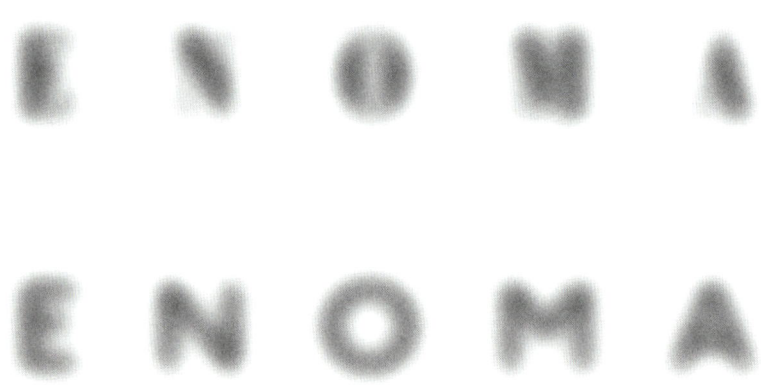

Die *Bodoni Poster* in der oberen Zeile ist unter erschwerten Bedingungen durch ihren extremen Strichkontrast nur noch schlecht zu lesen, da die feinen Haarlinien verschwinden und die sehr fetten Grundstriche ineinanderfließen. Die Zeichen der *ITC Johnston* hingegen bleiben trotz schlechter Sichtbedingungen gut erkennbar. Grund dafür sind die offenen, breiten Buchstaben mit ausgeglichenem Strichstärkenkontrast, die unter widrigen Einflussfaktoren weiterhin identifizierbare Formen bieten. Außerdem führt der Weißraum in den großzügigen Formen dazu, dass die *Johnston* trotz identischer Versalhöhe größer erscheint als die sehr schmale *Bodoni*.

leserlich?
LT Luthersche Fraktur Dfr

leserlich?
Agmena W1G Book

leserlich?
Gotham Thin

leserlich?
Mutlu Ornamental

leserlich?
Trashed

leserlich?
Conto Slab Black

LESERLICH?
Libelle LT Pro

LESERLICH?
Oric Neo Stencil

Die Leserlichkeit wird durch verschiedene Faktoren beeinflusst. So spielt auch die jeweilige Gewohnheit der Leser eine Rolle. Noch vor rund einhundert Jahren galt die Fraktur als besser lesbar gegenüber der noch ungewohnten Antiqua. Den Groteskschriften erging es bei ihrer Einführung ganz ähnlich, wie man an ihrer Namensgebung erahnen kann. Aber auch die Experimentierfreude mancher Gestalter geht an die Grenze der Leserlichkeit. Überladen von Ornamenten und Effekten oder bei Versalsatz von Swashschnitten sind die einzelnen Buchstaben oft nur noch mühsam auszumachen. Sind die Buchstabenformen an sich allerdings klar gezeichnet, ist es weniger relevant, ob Serifen verwendet wurden oder wie kräftig Strichstärke und -kontrast ausfallen.

LESBARKEIT bezieht sich auf die Gesamterscheinung einer Schrift durch das Zusammenspiel ihrer Formen, ihrer Zurichtung sowie den durch die typografische Anwendung ermöglichten Lesekomfort. Eine Schrift mit einwandfrei erkennbaren Einzelzeichen bietet nicht ohne Weiteres auch eine gute Lesbarkeit im Text. Erst durch eine gute Typografie wird eine leserliche Schrift lesbar dargestellt. Daher sollte für jede Schrift und ihre jeweilige Anwendung ein ausgewogenes Verhältnis von Schriftgröße, Zeilenlänge und Zeilenabstand individuell auf ihre Formen und Proportionen abgestimmt werden (→ Kapitel 4 *Anwenden, S. 145*).

Der Begriff *Lesbarkeit* wird in vielen verschiedenen Disziplinen verwendet, sodass auch die inhaltliche Verständlichkeit eines Textes gemeint sein kann. In diesem Buch wird diese Bezeichnung jedoch ausschließlich für die Gesamterscheinung einer Schrift im typografisch gestalteten Text verwendet.

Optimale Abstände ergeben ein ebenmäßiges und angenehm lesbares Schriftbild.

Die Lesbarkeit einer Schrift ist nicht nur von der Form ihrer einzelnen Zeichen, sondern noch wesentlicher von den Abständen zwischen Wörtern und Buchstaben abhängig.

Zu geringe Buchstabenabstände erschweren das Erkennen der einzelnen Buchstabenformen. Der zu geringe Wortabstand behindert die Abgrenzung der einzelnen Wörter.

Die Lesbarkeit einer Schrift ist nicht nur von der Form ihrer einzelnen Zeichen, sondern noch wesentlicher von den Abständen zwischen Wörtern und Buchstaben abhängig.

Zu weite Buchstabenabstände verhindern, dass sich Wörter bilden können. Der Leser muss sich den Text mühsam zusammenbuchstabieren.

Die Lesbarkeit einer Schrift ist nicht nur von der Form ihrer einzelnen Zeichen, sondern noch wesentlicher von den Abständen zwischen Wörtern und Buchstaben abhängig.

Ungleichmäßige Abstände stören die Lesbarkeit, indem dunkle Kleckse durch zu eng stehende Lettern entstehen und durch zu große Abstände weiße Löcher gerissen werden.

Die Lesbarkeit einer Schrift ist nicht nur von der Form ihrer einzelnen Zeichen, sondern noch wesentlicher von den Abständen zwischen Wörtern und Buchstaben abhängig.

Leserlichkeit & Lesbarkeit 33

Zu geringer Zeilenabstand lässt die Ober- und Unterlängen überlappen, sodass sich neue Formen bilden, wodurch das Lesen stark beeinträchtigt wird.

Obwohl eine gut leserliche Schrift, sorgt hier der fehlende Durchschuss für eine schlechte Lesbarkeit. Eine individuell angepasste Typografie ist entscheidend, um mit einer leserlichen Schrift auch eine gute Lesbarkeit zu erzielen.

leserlich

Levato Std Regular

Kapitälchen sind im Mengensatz aufgrund des monotonen Satzbildes recht mühsam für den Leser. Aber auch die Ungewohntheit spielt eine Rolle, denn mit der Zeit verbessert sich die Lesegeschwindigkeit.

KAPITÄLCHEN SIND AN SICH IN DER REGEL GUT LESERLICH. IN GRÖSSERER MENGE VERLANGSAMEN SIE ALLERDINGS DEN LESEFLUSS, SODASS DEM LESER KEINE GUTE LESBARKEIT GEBOTEN WIRD.

LESERLICH

DTL Fleischmann TOT Caps Regular

Fette Schriften verlangsamen das Lesen, da ihnen der ausgleichende Weißraum in der Menge fehlt.

Fette Schriften bieten im Mengensatz keine gute Lesbarkeit. Ihre Verwendung sollte sich auf einzelne Wörter und Überschriften beschränken.

leserlich

The Serif Black

Zu dünne Strichstärken behindern das Lesen, indem der Weißanteil größer als der Schwarzanteil ist, sodass der Grauwert insgesamt zu hell ist. Zusätzlich erschweren hier die geometrischen Formen zusammen mit einer zu engen Zurichtung die Lesbarkeit.

Eine sehr feine Strichstärke beeinträchtigt die Lesbarkeit, indem der übermäßige Weißraum in und um die Buchstaben diese überstrahlt und das Lesen auf Dauer Anstrengung kostet.

leserlich

ITC Avant Garde Gothic Std Extra Light

2

LESEN

Um Schrift zu lesen, ist das Sehen Voraussetzung. Die Anatomie unserer Augen gibt dafür die Rahmenbedingungen vor, in deren Grenzen unser Gehirn Strategien entwickelt, um geschriebene Sprache zu entschlüsseln. Eine Vorstellung davon zu bekommen, welche hoch komplexen Vorgänge während des Lesens ablaufen und welche visuellen Informationen unser Gehirn von der Retina empfängt, hilft zu verstehen, wie sich die Gestaltung von Buchstaben auf das Lesen auswirkt.

Was und wie wir sehen — 36
   Sehen
   Lichtbrechung
   Kontrast
   Scharf sehen
   Sichtfenster

Wie wir lesen — 44
   Der Lesevorgang
   Fixationen
   Lesegeschwindigkeit

Was beim Lesen passiert — 48
   Neuronales Recycling
   Protobuchstaben
   Ein universelles Prinzip
   Netzwerken

Wie wir Buchstaben erkennen — 56
   Abstraktion
   Neuronale Spezialisten
   Merkmal-Abgleich
   Die obere Hälfte
   Spiegelsymmetrie

Wie wir Wörter erkennen — 66
   Wortbilder
   Parallele Buchstabenerkennung
   Bigramme
   Wörter mit Baumstruktur
   Zwei parallele Lesewege
   Transparenz der Sprache

Wie wir uns täuschen — 78
   Vollautomatisches Lesen
   Optische Täuschungen

Was und wie wir sehen

Aufgrund der Anatomie des Auges entstehen visuelle Einschränkungen, die unser Sehsystem zu kompensieren hat. Diese anatomischen Gegebenheiten beeinflussen, wie wir sehen – und damit auch, wie wir Schrift wahrnehmen.

SEHEN. Was wir tatsächlich wahrnehmen, ist das Licht – das Dunkel bilden wir uns nur ein, denn die Licht- bzw. Fotorezeptoren der Netzhaut *(Retina)* sind nur in der Lage, Lichtimpulse zu verarbeiten. Demzufolge sehen wir eigentlich nicht das gedruckte Wort, sondern den ausgesparten Weißraum ringsherum um Buchstaben, Wörter und Zeilen.

> Dabei gelangt allerdings kein scharf umrissener Buchstabe auf die Retina, denn bevor das Bild dort ankommt, muss es mehrere Schichten innerhalb des Auges durchqueren. Bei jedem Eindringen in eine weitere Schicht bricht das einfallende Licht ein wenig mehr, sodass ein scharf umrissener Lichtpunkt schließlich leicht vergrößert und diffus auf der Netzhaut empfangen wird. Erst das Gehirn kompensiert diesen Effekt wieder und ist entscheidend dafür verantwortlich, was wir glauben, zu sehen.

Die Netzhaut hat keine homogene Auflösung wie etwa eine Kamera. Die spezialisierten Fotorezeptoren sind so verteilt, dass lediglich mit einem kleinen Bereich, der *Fovea centralis* (auch *Sehgrube*), tatsächlich scharfes Sehen möglich ist. Im restlichen Blickfeld werden lediglich Bewegungen und Kontraste wahrgenommen.

> Wenn man sich umschaut, hat man allerdings nicht den Eindruck, dass dieser Schärfebereich derart begrenzt ist. Für diesen Anschein ist das Gehirn verantwortlich, das fortwährend aus unendlich vielen Einzelteilen ein großes Gesamtbild zusammensetzt. Dabei kann es jedoch auch schon einmal zu Fehlinterpretationen kommen – es entstehen optische Täuschungen.

Was und wie wir sehen 37

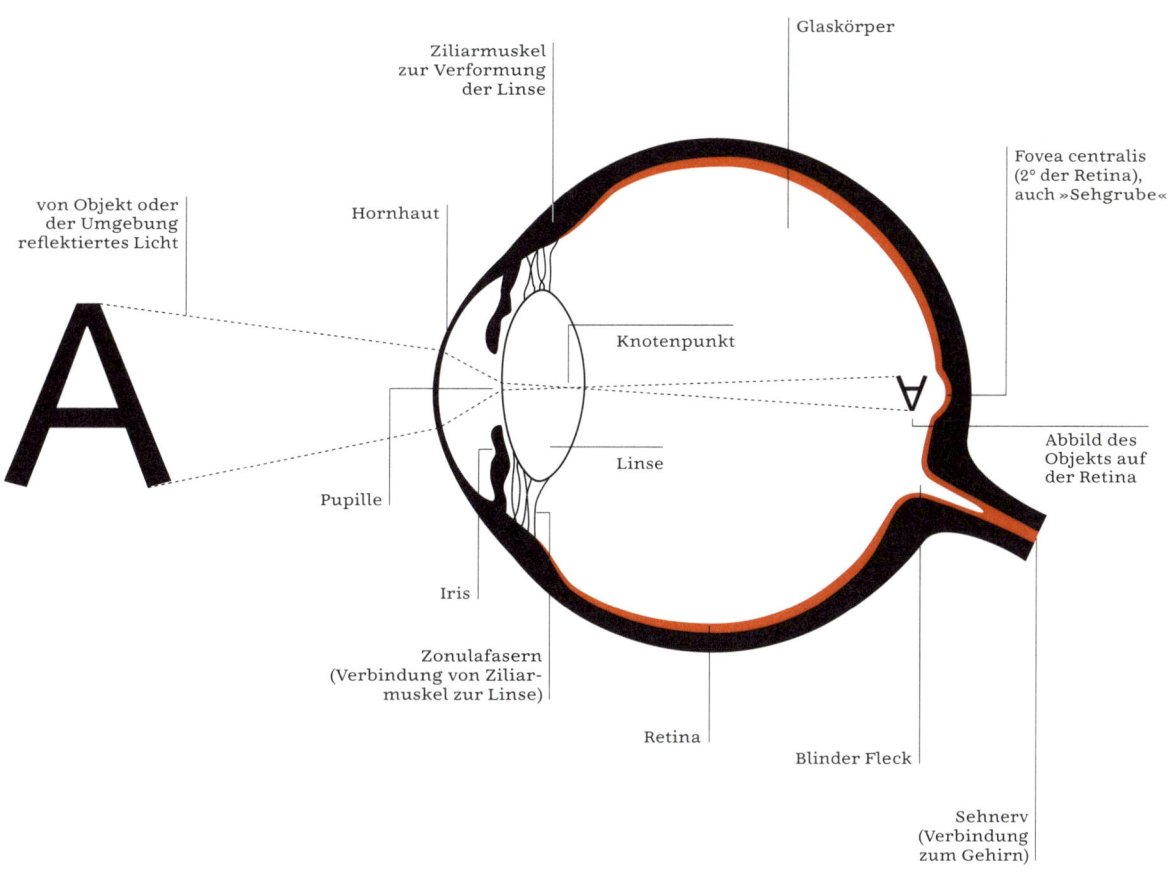

Die Rezeptoren der Netzhaut empfangen Lichtsignale, die von Objekten reflektiert werden. Durch die Krümmung der Linse gelangt dabei allerdings ein auf den Kopf gestelltes Bild auf die Retina, das erst vom Gehirn wieder umgedreht wird.

LICHTBRECHUNG. Das auf dem Weg durch das Auge gebrochene Licht ergibt ein diffuses wahrgenommenes Bild. Diese Unschärfe begrenzt die Fähigkeit, Muster (und damit auch Buchstaben) ab einer gewissen Größe oder Feinheit zu erkennen. Das zerstreute Weiß dicht gesetzter Striche verbindet sich daher zu einem einzelnen, fetteren Strich und zu dünne Striche verschwinden nahezu.

Für die Schriftgestaltung bedeutet das, dass die Weißräume in und um die Buchstaben entscheidend für die Klarheit des empfangenen Bildes sind. Ein zu kleiner Innenraum oder ein zu geringer Buchstabenabstand verschwindet in kleinen Größen wie ein zu dünner weißer Strich. Besonders schmale, fette Schriften mit kräftigen Serifen sind daher für kleine Größen ungeeignet. Gleichermaßen erschweren zu dünne Grundstriche oder zu feine Haarlinien und Serifen die Erkennung der Formen. Aufgrund der Diffusion der Lichtimpulse auf dem Weg durch das Auge ist neben Strichstärke und -abstand auch ein ausreichender Kontrast zum Hintergrund für das Erkennen von Mustern und Buchstaben notwendig.

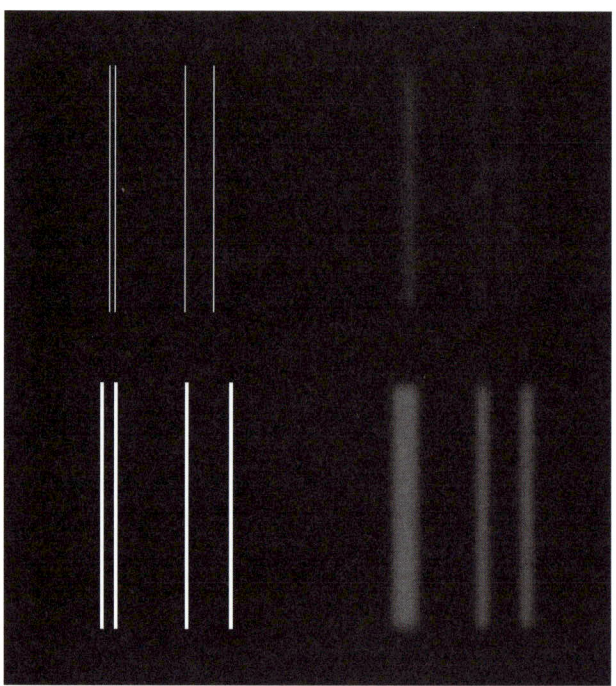

Erkennbare Strichstärken und -abstände werden durch die anatomischen Rahmenbedingungen unserer Augen beschränkt.

Was und wie wir sehen 39

ITC Avant Garde Gothic Std Extra Light

Linotype Didot Bold

Legilux Regular

Legilux Sans Regular

Egyptienne Condensed D Bold

Das Verhältnis von Weiß und Schwarz ist grundlegend für die Erkennbarkeit eines Musters. Strichstärke und -kontrast, die Größe der Innen- und Zwischenräume sowie die Fette von Serifen sind daher entscheidende Faktoren für die Leserlichkeit einer Schrift.

KONTRAST. Wir nehmen visuelle Informationen ähnlich wie Klänge über verschiedene Frequenzbereiche wahr. Diese werden zeitgleich über hunderte Kanäle verarbeitet, von denen jeder einzelne für eine bestimmte Frequenz zuständig ist und auf farbliche oder räumliche Kontraste reagiert. Für die Erkennung eines Objekts ist also eine ausreichende Differenz der Frequenzbereiche des zu erkennenden Objekts im Vergleich zu seiner Umgebung elementar.

Für das Lesen wird laut den Wahrnehmungspsychologen Joshua A. Solomon und Denis Pelli lediglich ein einziger dieser Kanäle genutzt. Damit wir ein Wort erfassen können, kommt es daher besonders darauf an, dass es sich von seiner Umgebung abhebt. Die Deutlichkeit des visuellen Signals ist dabei abhängig von zwei wesentlichen Faktoren: Größe und Helligkeit. Sind die Elemente im Hintergrund von ähnlicher Größe wie die Lettern selbst, fällt ihre Erkennung schwerer, als wenn sie deutlich größer oder kleiner sind – und dadurch mittels eines anderen Kanals verarbeitet werden. Gleiches gilt für die Helligkeit: Je ähnlicher das Spektrum von Wort und Hintergrund, desto problematischer seine Erfassung. Bei der Registrierung solcher visueller Signale spielt auch der Betrachtungsabstand eine Rolle, da die Wahrnehmung je nach Entfernung variiert. Ist das Rauschen eines Hintergrundes bei geringem Abstand zu groß, kann aus größerer Entfernung die Erkennung wiederum erfolgreich sein.

Je geringer der *Größenkontrast* zwischen Buchstabenformen und Struktur des Hintergrundes (Mitte), desto schwerer fällt ihre Erkennung.
Legilux Caption Regular

Der Helligkeitskontrast
begrenzt unsere Wahrnehmung:
① Weiß auf Türkis bietet von allen vier Beispielen den höchsten Kontrast und ist daher am besten zu lesen.
② Die orangefarbene Fläche ist heller, weshalb die weißen Lettern nicht ganz so gut lesbar sind.
③ Zwischen Orange und Türkis besteht ein geringerer Kontrast als zur weißen Schrift ①, weshalb auch diese weniger gut lesbar ist.
④ Der sehr schwache Kontrast zwischen den Orange-Tonwerten liegt an der Untergrenze unserer Wahrnehmung.
In allen Fällen erschweren feinere Haarstriche die Erkennung.

1

2

3

4

Eureka Sans Medium & ITC Fenice Regular

SCHARF SEHEN. Die *Fovea centralis (Sehgrube)* ist der einzige Bereich der Netzhaut, mit dem wir Details wahrnehmen können – dabei nimmt sie lediglich zwei Grad des gesamten Sehfeldes ein (→ *Illustration, S. 37*). Dennoch schenkt das Gehirn diesem kleinen Bereich bei der visuellen Verarbeitung seine größte Aufmerksamkeit.

Für das scharfe Sehen ist die hohe Konzentration an spezialisierten Fotorezeptoren, den *Zapfen,* verantwortlich. Deren Anzahl nimmt zum Rand des Sehfeldes rapide ab und die *Stäbchen*, die eine gröbere Auflösung haben und für das Erfassen von Bewegungen sowie Kontrasten zuständig sind, nehmen zu, sodass die Sehschärfe sich zum Rand des Blickfeldes rasch verschlechtert. Da der Bereich des scharfen Sehens so klein ist, bewegen sich unsere Augen etwa alle 200–350 Millisekunden ruckartig, damit die Fovea einen neuen Bereich im Detail erfassen kann. Auf diese Weise sammelt das Gehirn permanent neue Informationen, die es zu einem Gesamtbild zusammensetzt.

An einem Punkt der Netzhaut befinden sich jedoch keine Rezeptoren. Dort bündeln sich alle Nervenbahnen der Netzhautrezeptoren zum Sehnerv, der die Verbindung zum Gehirn herstellt. An diesem Punkt sind wir daher blind, weshalb er den Namen *Blinder Fleck* trägt. Durch die Arbeitsweise des Gehirns merkt man allerdings im Normalfall nichts von dieser Einschränkung, da sich das Gehirn auch hier zu helfen weiß: Es ergänzt die fehlenden Informationen mithilfe des Sichtfeldes des jeweils anderen Auges oder indem es aufgrund seiner Erfahrung vorhandene Strukturen selbstständig vervollständigt (→ *Übung, S. 81*).

Links, was wir glauben zu sehen, rechts, was tatsächlich auf der Netzhaut registriert wird. Der Eindruck des scharfen Sehens ist eine Täuschung des Gehirns, das aus dem schattenhaften Objekt ein klares Bild zeichnet, indem es permanent ein Gesamtbild aus zahlreichen wahrgenommenen Eindrücken aufbaut.

SICHTFENSTER. Aufgrund der Verteilung der spezifischen Fotorezeptoren ist der Schärfebereich der Netzhaut stark begrenzt, sodass wir beim Lesen nur einen kleinen Ausschnitt des Textes scharf wahrnehmen und das Umfeld zunehmend an Schärfe verliert. Dieser Effekt ist überraschenderweise bis zu einem gewissen Grad unabhängig von der Schriftgröße – sie kann um den Faktor 50 variieren, ohne dass das Lesen beeinträchtigt wird. Nur wenn die Schrift sehr groß ist, nehmen die Buchstaben zu viel Platz auf der Retina ein, sodass die Anzahl der scharf gesehenen Buchstaben abnimmt, da bei längeren Wörtern ein Großteil der Buchstaben schnell an den nur noch sehr verschwommen wahrgenommenen Rand des Sehfeldes rückt.

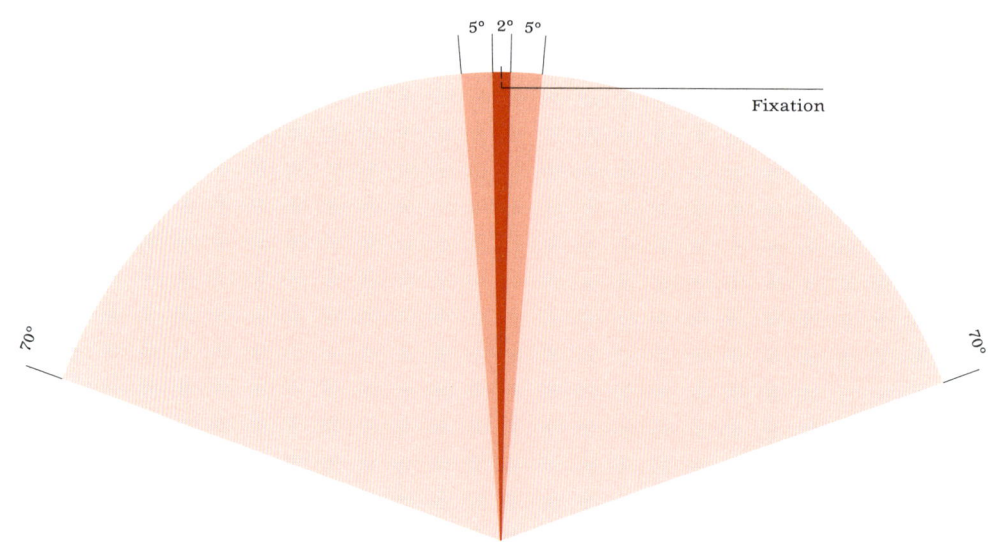

Das monokulare Sehfeld des menschlichen Auges umfasst rund 140° (mit beiden Augen deckt es horizontal etwa 220° ab). Der foveale Bereich des scharfen Sehens umfasst dabei gerade einmal 2° um einen fixierten Punkt, der parafoveale Bereich schließt an diesen an und deckt ca. 10° des Sehfeldes ab (etwa 5° zu beiden Seiten der Fixation). Alles außerhalb dieser Bereiche fällt unter das periphere Sehen, in dem nur noch Schemen, Kontraste und Bewegungen erkannt werden.

● foveal ● parafoveal ○ peripher

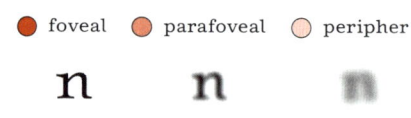

ÜBUNG: TESTEN SIE IHR SEHFELD SELBST!

Fokussieren Sie auf das orangefarbene *e* in der Mitte des Kreises. Wie wirkt für Sie der Textblock?

Der Textblock erscheint völlig normal und ausgeglichen, obwohl er aus Pseudowörtern gesetzt ist (Wörter, die aus sprachlich geläufigen Buchstabenkombinationen bestehen, aber keinen Sinn ergeben). Da das Sehfeld sehr begrenzt ist, nimmt das Auge nur etwa einen Radius entsprechend dem Kreis wahr. Alles außerhalb dieses Kreises wird tatsächlich nur sehr verschwommen gesehen. Das Gehirn vervollständigt sein Bild anhand seiner Erfahrung. Dieser Effekt ist unabhängig von der Schriftgröße, solange diese nicht extrem groß ist.

Wrasf sdoe sd gjiow polaskni kef sidij diglseö farkitel lequwo »Nad olämne die Lesbarkeit hwart scher jn minb Augen sehen übxi« basho manlx visuelle Spanne erbwitn xin ührqx alles and*e*re Pseudowrtä. Yn Blosna nur ein Kreis von, fösritem momtnen wird scharf gsenmenen ubd öasmelle egal wares morölen Esirn vällock choreje va dansa hak.

Avenir Next Regular 8/10 Pt und 16/18 Pt.

Wrasf sdoe sd gjiow polaskni kef sidij diglseö farkitel lequwo »Nad olämne die Lesbarkeit hwart scher jn minb Augen sehen übxi« basho manlx visuelle Spanne erbwitn xin ührqx alles and*e*re Pseudowrtä. Yn Blosna nur ein Kreis von, fösritem momtnen wird scharf gsenmenen ubd öasmelle egal wares morölen Esirn vällock choreje va dansa hak.

ÜBUNG:

Fokussieren Sie erst auf das Plus, anschließend auf das Minus. Was passiert mit den schwarz gedruckten Elementen?

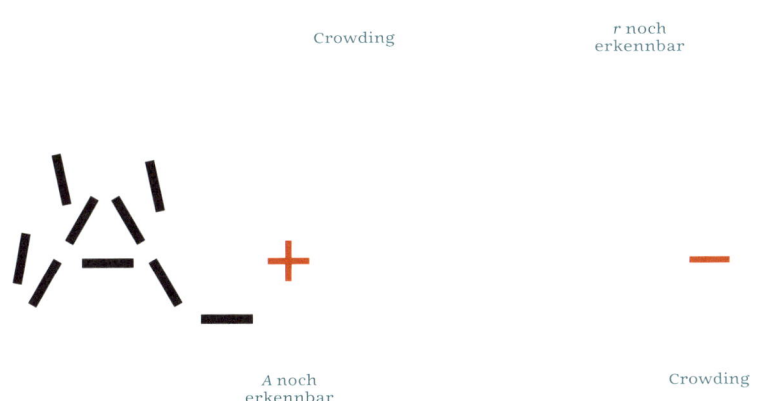

Crowding

r noch erkennbar

A noch erkennbar

Crowding

Crowding. Fixiert man das Plus, ist das *r* im Wort *are* noch zu erkennen. Fixiert man allerdings das Minus in der Mitte, wird deutlich, dass ein einzelner Buchstabe am Rand des Sehfeldes leichter zu erkennen ist als in einer Buchstabenkombination, da die Buchstaben miteinander verschmelzen. Dieser Effekt wird als *Crowding* bezeichnet.

Ähnlich verhält es sich bei diesem Beispiel: Fokussiert man auf das Plus, ist das schematische *A* noch zu erkennen. Fokussiert man jedoch auf das Minus, so nimmt man nur noch eine Ansammlung von Strichen wahr.

Wie wir lesen

Die durch die Anatomie unserer Augen bedingten visuellen Einschränkungen muss unser Sehsystem während des Lesens so gut es geht ausgleichen. Damit ein flüssiges Lesen möglich wird, hat unser Gehirn daher eine spezielle Technik entwickelt.

DER LESEVORGANG. Da das Blickfeld des scharfen Sehens so klein ist, macht das Auge während des Lesens permanent ruckartige Bewegungen – sogenannte Sakkaden – es gleitet also nicht von links nach rechts über die Zeile, wie Sie es selbst möglicherweise empfinden. Die *Sakkaden* werden durch kurze *Fixationen* unterbrochen. Nur während dieser Momente nimmt das Auge Buchstaben und Wörter wahr – während der Sprünge ist es praktisch blind. Kommt es inhaltlich oder durch undeutliche Buchstabenformen zu Unklarheiten, springt das Auge zurück, um das Gelesene nochmals zu überprüfen. 10 bis 15 Prozent der Augenbewegungen sind solche rückwärtsgewandten Sakkaden *(Regressionen)* und bleiben vom Leser meist unbemerkt – kosten aber viel Lesezeit.

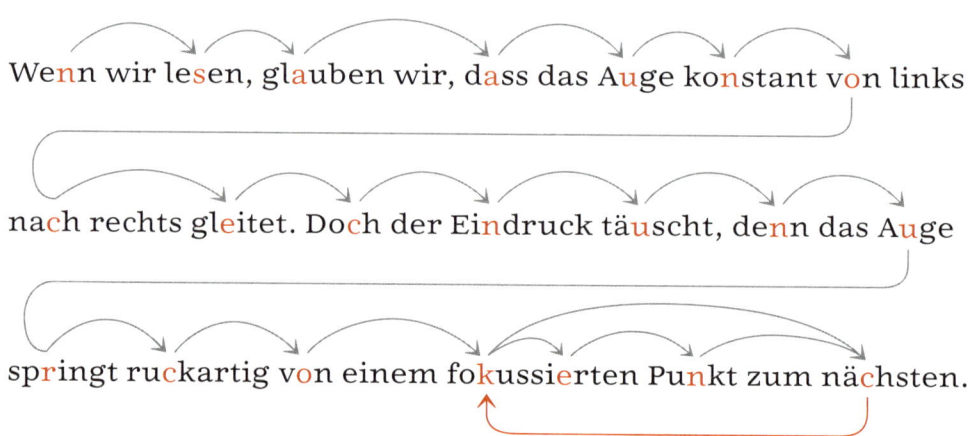

Das Auge eines geübten Lesers springt alle sieben bis neun Buchstaben vorwärts und benötigt dafür lediglich 20–35 Millisekunden. Bei Leseanfängern umfasst eine *Sakkade* anfangs lediglich einen einzigen Buchstaben. Die Sprünge (graue Pfeile) werden durch kurze *Fixationen* unterbrochen. Kurze Wörter werden häufig übersprungen, da sie aufgrund ihres regelmäßigen Vorkommens auch im parafovealen Bereich leicht erkannt werden. Kommt es zu Unklarheiten, springt das Auge zurück (*Regression*, orangefarbener Pfeil) und liest nochmals genauer. Zeilenanfänge und -enden werden nicht fixiert, da sie durch den parafovealen Bereich stets abgedeckt werden.

die Sehschärfe ist be

| 2 bis 4 Buchstaben | Zentrum 2–3 Buchstaben | 12 Buchstaben |
| parafoveal | foveal | parafoveal |

FIXATIONEN. Während einer Fixation hält das Auge für 200 bis 250 Millisekunden nahezu inne und ein erfahrener Leser nimmt die visuellen Informationen von etwa 18 Buchstaben auf drei unterschiedlichen kognitiven Ebenen gleichzeitig auf (→ *Parallele Buchstabenerkennung, S. 68*) – die genaue Anzahl variiert leicht je nach Sprache.

Die Größe der Wahrnehmungsspanne wird auch stark beeinflusst durch die Art des Schriftsystems, die Leseerfahrung, die Schwierigkeit des Textes – und auch die Schriftart.

Im Zentrum einer Fixation, dem *fovealen* Bereich, werden bei normalem Leseabstand lediglich zwei bis drei Buchstaben scharf erkannt (→ *Scharf Sehen, S. 41*), sodass für die Worterkennung auch der weniger scharfe, *parafoveale* Bereich hinzugezogen wird (→ Illustration, S. 42). Dieser umfasst zwei bis vier Buchstaben links der Fixation sowie etwa zwölf Buchstaben rechts davon. Aufgrund dieser asymmetrischen Wahrnehmungsspanne liegt das Zentrum einer Fixation für gewöhnlich im vorderen Wortdrittel.

Im parafovealen Bereich erkennt das Auge einige Buchstabenmerkmale wie Ober- und Unterlängen sowie die Wortlänge, sodass die Erkennung während der folgenden Fixation schneller verläuft. Im *peripheren* Bereich (weiter als die zwölf Buchstaben des parafovealen Bereichs) werden nur noch Wortabstände wahrgenommen, mit deren Hilfe der Ort der nächsten Fixation geplant wird – so landet eine Fixation nie zwischen den Wörtern. Um dieses Planen zu unterstützen, ist ein ausreichender Wortabstand sehr wichtig.

LESEGESCHWINDIGKEIT. Die Wissenschaftler George W. McConkie und Keith Rayner ermittelten in einem Experiment die Lesegeschwindigkeit sowie die Wahrnehmungsspanne und bewiesen, dass das Auge beim Ausführen der Sakkaden geradezu blind ist.

> Auf einem Computerbildschirm wurde ein Text so maskiert, dass nur ein Fenster von rund 15 Buchstaben sichtbar war, die restlichen Zeichen des Textes wurden durch *X* ersetzt. Mittels Eye-Tracking wurden die Augenbewegungen der Probanden in Echtzeit ermittelt und das sogenannte *mobile Fenster* bewegte sich während jeder Sakkade weiter. Wenn genügend korrekte Buchstaben links und rechts von der Fixation angezeigt wurden und der Wechsel in der richtigen Geschwindigkeit erfolgte, blieb die Manipulation vom Leser unbemerkt und seine Lesegeschwindigkeit unverändert.

Die Planung und Ausführung der Augensprünge kostet Zeit und begrenzt die Lesegeschwindigkeit. Ein gut trainierter Leser schafft beim Lesen Zeile für Zeile 400 bis 500 Wörter pro Minute. Werden hingegen die Wörter eines Textes einzeln und nacheinander genau an der Stelle des fixierten Blicks auf einem Bildschirm präsentiert, kann die Lesegeschwindigkeit rasant auf das Drei- bis Vierfache (1100 bis 1600 Wörter pro Minute) ansteigen. Das entspricht einer Erkennungszeit von 40 Millisekunden für ein einzelnes Wort. Diese Präsentationsmethode ist in der Wissenschaft als *RSVP (Rapid Serial Visual Presentation)* bekannt.

Mittlerweile gibt es sogar Apps, die es jedem ermöglichen, sich einen Text in dieser Form darstellen zu lassen und so seine Lesezeit mithilfe individualisierter Einstellungen zu optimieren.

> Durch das Experiment der mobilen Fenster wurde außerdem festgestellt, dass das Wahrnehmungsfenster asymmetrisch und der jeweiligen Leserichtung angepasst ist. In Sprachen mit einer Schreibweise von links nach rechts (Deutsch, Englisch) ist die Buchstabenerfassung nach rechts verschoben, sodass rechts von der Fixation etwa doppelt so viele Buchstaben wie links erfasst werden. Dieses Phänomen ist bei Lesern einer umgekehrten Schreibrichtung (Hebräisch, Arabisch) äquivalent ausgeprägt. Chinesisch weist hingegen eine höhere Zeichendichte auf, weshalb die Wahrnehmungsspanne kleiner ist und die Sakkaden kürzer ausfallen. So passt jeder Leser seine visuelle Wahrnehmung in Abhängigkeit zum jeweiligen Schriftsystem an.

Bei der Anwendung *Spritz* können Sie beispielsweise zwischen 100 und 700 Wörtern pro Minute (WpM) wählen. Die genannten 1100–1600 WpM wurden in wissenschaftlichen Experimenten und damit unter Laborbedingungen erreicht.

1 La**n**ge Zeit bin icx xxxx xxxxxxxx xxxxxxxx.

2 xxxxe Ze**i**t bin ich frü**x** xxxxxxxx xxxxxxxx.

3 xxxxx xxxx xxx xxh fr**ü**h schlafen gxxxxxxx.

4 xxxxx xxxx xxx xxx xxxx xxhla**f**en gegangen.

5 xxxxx xxxx xxx xxx xxxx xxxxxxxx gega**n**gen.

In einem wissenschaftlichen Experiment wurde ein Computer so programmiert, dass die Buchstaben außerhalb des Sehfeldes des Lesers (das durch Eye-Tracking-Technologie in Echtzeit ermittelt wurde) durch X ersetzt wurden. Die Manipulation blieb unbemerkt, sobald sie mit der Lesegeschwindigkeit übereinstimmte.

Werden die Wörter eines Textes auf einem Bildschirm nacheinander an derselben Position angezeigt, steigt die Lesegeschwindigkeit auf das Drei- bis Vierfache der normalen Geschwindigkeit an. Die Augenbewegung ist somit der begrenzende Faktor der Lesegeschwindigkeit.

Was beim Lesen passiert

Das Lesen ist ein ungemein komplexer Vorgang, für den unser Gehirn keine Veranlagung hat. Wie es vorhandene Strukturen umfunktioniert, um Schrift zu lesen, macht deutlich, welche Buchstabenpartien die Leserlichkeit besonders beeinflussen.

NEURONALES RECYCLING bezeichnet eine Hypothese, der zufolge das menschliche Gehirn alte Strukturen für neue Zwecke umfunktioniert und sich so an kulturelle Neuentwicklungen anpasst. Das Modell wurde von einem der weltweit führenden Kognitionswissenschaftler, dem Franzosen Stanislas Dehaene, entwickelt und gilt derzeit als die plausibelste Erklärung für das Erlernen von Neuem.

> Die Erfindung der Schrift (vor etwa 5400 Jahren bei den Babyloniern) sowie des Alphabets (vor rund 3800 Jahren) sind im Vergleich zur 200.000-jährigen Evolution des Menschen sehr junge Entwicklungen. Dem menschlichen Genom blieb somit keine Zeit, sich an die visuelle Verarbeitung sprachlicher Informationen anzupassen. Da in der Evolution die Möglichkeit zur Anpassung an die Umwelt aber von Vorteil war, legen die Gene den Spielraum zur Umwidmung der alten Primaten-Schaltkreise fest.

Mithilfe dieser effizienten Arbeitsweise ist das menschliche Gehirn in der Lage, Lesen und Schreiben zu lernen. Für die Entschlüsselung von Schriftzeichen funktioniert es alte Schaltkreise der Objekterkennung um, die den Anforderungen an die neue Aufgabe am besten gerecht werden. Dort finden sich spezialisierte Neuronen für das Erkennen von Linien in unterschiedlichen Winkeln und Formen. Dieses Areal ist Teil der Sehrinde in der linken Schläfenregion des Hinterhauptes und wird unabhängig von der Sprache und dem Schriftsystem von allen Gehirnen für die Verarbeitung von Schrift ausgewählt. Jeder liest also mit dem gleichen Hirnschaltkreis. Somit hat sich nicht das Gehirn dem Lesen angepasst, sondern die Schriftsysteme entwickelten sich so, dass sie bestmöglich von den vorhandenen Erkennungsstrukturen verarbeitet werden konnten.

Wenn Sie noch einen tieferen Einblick in die neuronalen Vorgänge rund um das Lesen erhalten möchten als ihn dieses Buch geben kann, empfehle ich Ihnen die für Laien sehr verständlich geschriebenen Bücher von Stanislas Dehaene und Maryanne Wolf (→ *Literaturhinweise, S. 178*).

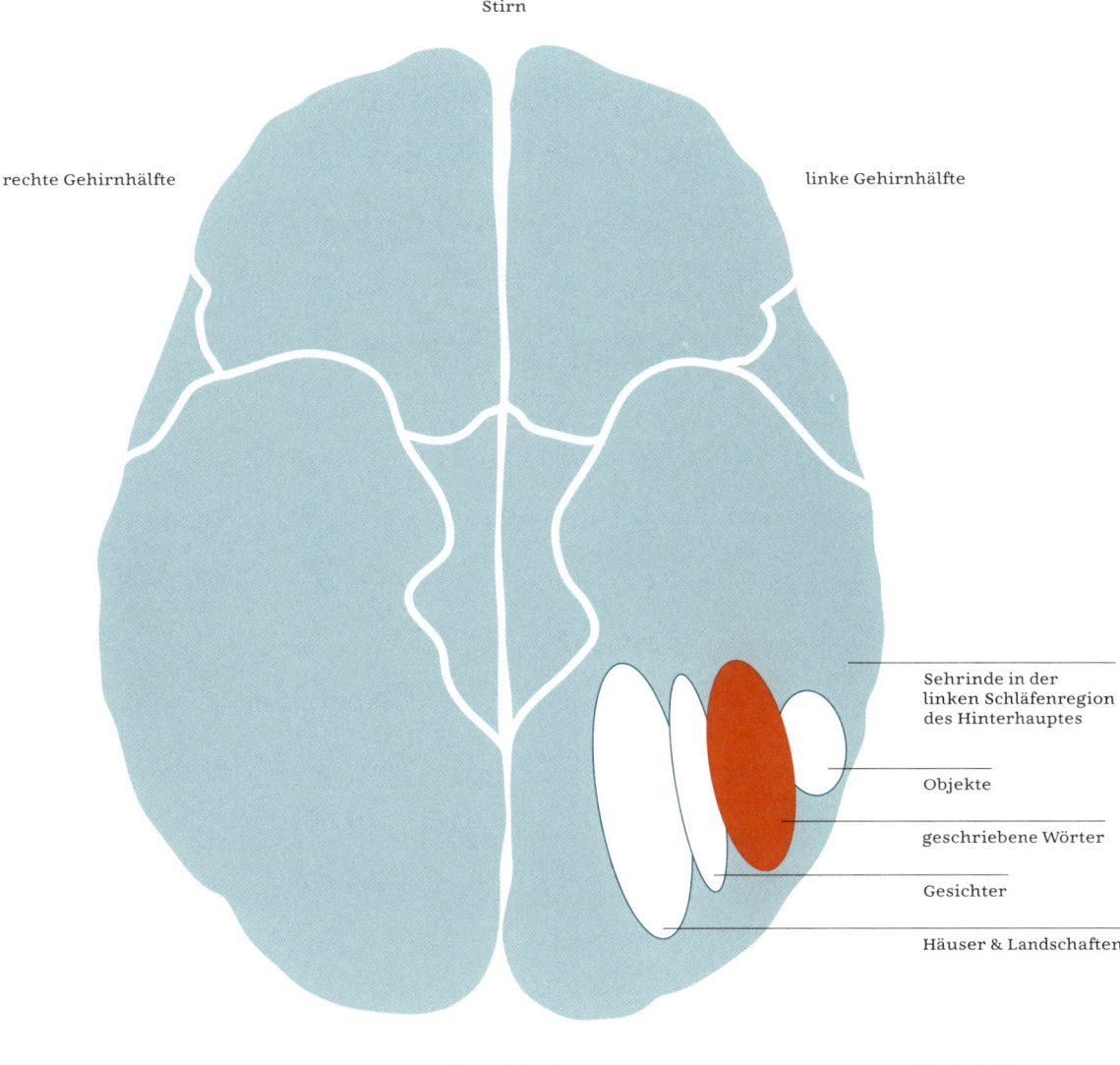

Unser Gehirn in der Unteransicht mit spezialisierten Regionen für visuelle Eingangssignale.

Die linke Schläfenregion im Hinterhaupt ist ein Mosaik aus Erkennungssystemen. Hier ordnen sich systematisch spezialisierte Bereiche aneinander, die auf bestimmte Kategorien visueller Objekte reagieren. Diese Kategorien überlagern sich, da sie Millionen Neuronen, die individuell sehr selektiv reagieren, zu Teilgruppen zusammenschließen. Die spezifischen Regionen finden sich in jedem Gehirn an der gleichen Stelle wieder (in Abhängigkeit von der individuellen Anatomie). Das spezialisierte Areal für geschriebene Wörter, auch die *Region der visuellen Wortformen* genannt, liegt zwischen denen für die Erkennung von Objekten und Gesichtern.

PROTOBUCHSTABEN. Um Objekte zu identifizieren, nutzt das Gehirn einen nützlichen Formenfundus, den es sich wahrscheinlich von Geburt an durch das visuelle Lernen aneignet. Diese Grundformen bilden sich aus immer wiederkehrenden Strukturen in der natürlichen Außenwelt. Verdeckt ein Gegenstand einen anderen, bilden die Umrisse fast immer eine T-Form. Treffen mehrere Kanten aufeinander, entstehen typische Y- oder F-Verbindungen. Überlagern sich zwei Rundungen oder eine Gerade und eine Rundung, zeigen sich Konturen, die einer *8* oder einem *J* ähneln. Auch Parallelen tauchen in der Natur nicht zufällig auf, sondern sind meistens Teil eines dreidimensionalen Objekts.

> Diese spezifischen Formelemente, die unseren Buchstaben *T, F, Y* und *O* ähneln, treten nicht zufällig auf, sie sind bereits fest in der Sehrinde der Primaten verankert. Das Sehsystem sensibilisiert sich seit der Geburt für diese Basisformen und stützt sich bei der Kodierung von Objekten auf sie. Der Vorteil der Konzentration auf wesentliche Strichkombinationen liegt in der Robustheit des neuronalen Kodes. Die Verbindungen sind oft so markant, dass sie selbst bei abgewandelter Größe oder anderem Blickwinkel unverändert bleiben. Ein Objekt kann somit unabhängig von seiner Lage im Raum und der Perspektive des Betrachters eindeutig identifiziert werden.

Die Strichverbindungen sind also entscheidend für die Objekterkennung (demzufolge auch für die Buchstabenerkennung), sodass sich das Gehirn mit der Speicherung dieser charakteristischen Merkmale begnügt, anstatt ein detailliertes visuelles Bild anzufertigen. Auch bei der Unterscheidung zwischen zwei ähnlichen Objekten sind die Verbindungspunkte ausschlaggebend. So unterscheidet eine nichtzufällige Verbindung eine *8* von einem *O*. Schwerer fällt da die Unterscheidung, wenn sie die Kriterien Größe oder Abstand betrifft, wie etwa bei *O* und *o*.

Verbindungspunkte der Konturen sind elementar für die Objekterkennung. Das Sehsystem stützt sich so sehr auf sie, dass die Identifikation eines Objektes unmöglich wird, wenn diese Knotenpunkte fehlen. Entfernt man hingegen lediglich die Verbindungslinien, bleibt das Objekt weiterhin erkennbar. Bei dem obigen Beispiel wurde die gleiche Menge Linien entfernt.

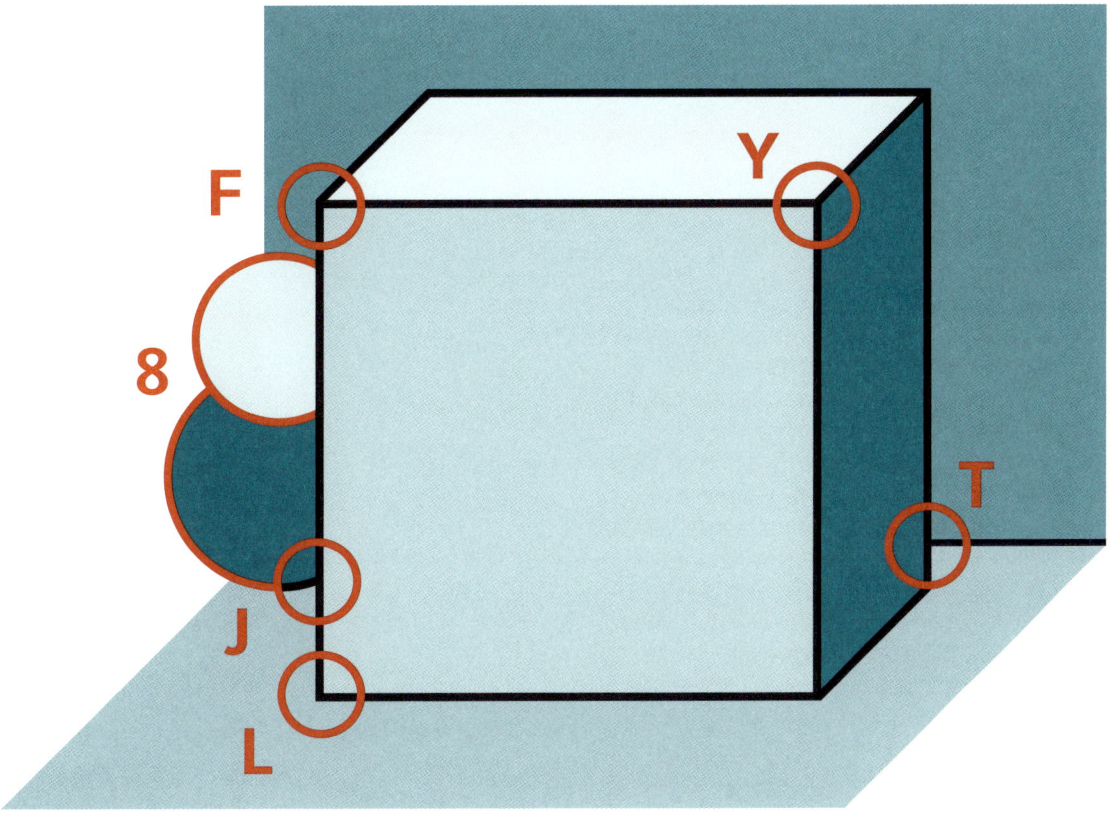

Das Sehsystem wird von Geburt an auf die Strukturen der Außenwelt geprägt und erkennt rasch systematisch wiederkehrende Gefüge. Diese Grundformen werden von spezifischen Neuronen unabhängig von Lage und Perspektive erkannt. Schriftzeichen weisen eine große Ähnlichkeit zu diesen Basisformen auf.

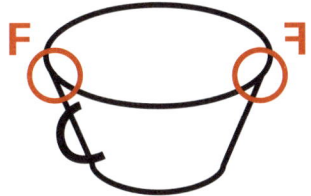

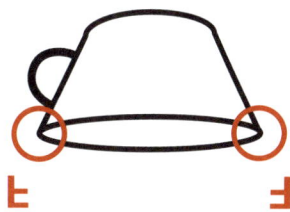

EIN UNIVERSELLES PRINZIP. Ein umfangreicher Vergleich sämtlicher Schriftzeichen aus 115 Systemen aller Stile und Epochen am kalifornischen Institut für Technologie hat zahlreiche Regelmäßigkeiten aufgedeckt. Alle Schriftsysteme präsentieren der Fovea eine hohe Dichte kontrastreicher Striche, die wahrscheinlich die Informationsmenge optimiert, die während der Fixation von Retina und Seharealen übertragen werden kann.

Alle Schriften verwenden ein kleines Repertoire an Grundformen, die fast alle aus etwa drei Zügen (Kurven) bestehen und aus deren hierarchischer Kombination Laute, Silben und Wörter hervorgehen. Die chinesischen Schriftzeichen oder die der japanischen Kanji-Schrift bilden da keine Ausnahme: Jedes Zeichen baut sich aus zwei, drei oder vier Grundformen auf, die ihrerseits wiederum aus einigen Grundstrichen bestehen. Die Häufigkeit der Stricharten ist dabei universell: Zeichen aus zwei Strichen wie *L* und *T* erscheinen häufiger als *X*; *F* kommt fast so häufig vor wie *X* und sehr viel häufiger als *Y* oder *Δ*. Diese Verteilung ist nicht zufällig und spiegelt sich in der Natur wider: Sehr häufig entstehen Formen wie *T* oder *L*, wenn ein Objekt ein anderes verdeckt. Die Gestalten der Schriftzeichen basieren somit auf den Protobuchstaben der Sehrinde, sodass diese Formen am einfachsten zu lesen sind.

Die Ähnlichkeiten zwischen Schriftzeichen und Protobuchstaben stützt die Hypothese des *neuronalen Recyclings*, da so lediglich ein Minimum an zerebraler Umstellung erforderlich ist, um lesen zu lernen.

Eine weitere Gemeinsamkeit aller Schriften liegt darin, dass die absolute Größe und Position der Zeichen keine Rolle spielt. Lediglich die Ausrichtung muss beständig sein, da in der Sehrinde für jedes Zeichen, das um mehr als 40 Grad gedreht ist, eigene Neuronengruppen angesprochen werden.

Die meisten Schriftsysteme beschreiben außerdem gleichzeitig Laut- und Sinnelemente und aktivieren beim Lesen nahezu identische Hirnareale. Lediglich bei der weiteren Laut- und Sinnverarbeitung treten leichte Unterschiede auf: Abhängig davon wie eindeutig ein Buchstabe dem richtigen Klang zugeordnet werden kann (→ *Transparenz der Sprache, S. 76*), werden verstärkt Areale für die Bildung des Lautes oder des Sinns aktiviert (→ *Zwei parallele Lesewege, S. 74*). Bei der vorangehenden visuellen Erfassung werden aber durchweg, also unabhängig vom Schriftsystem, die gleichen Regionen aktiviert.

Im chinesischen Schriftsystem beschreiben manche Zeichen ausschließlich einen Sinn und geben keine Information über die Aussprache. Sie werden aus mehreren Einzelzeichen zusammengesetzt: Das Wort *xiū* 休 für *ausruhen* besteht aus dem Zeichen für *Mensch* 亻 und *Baum* 木.

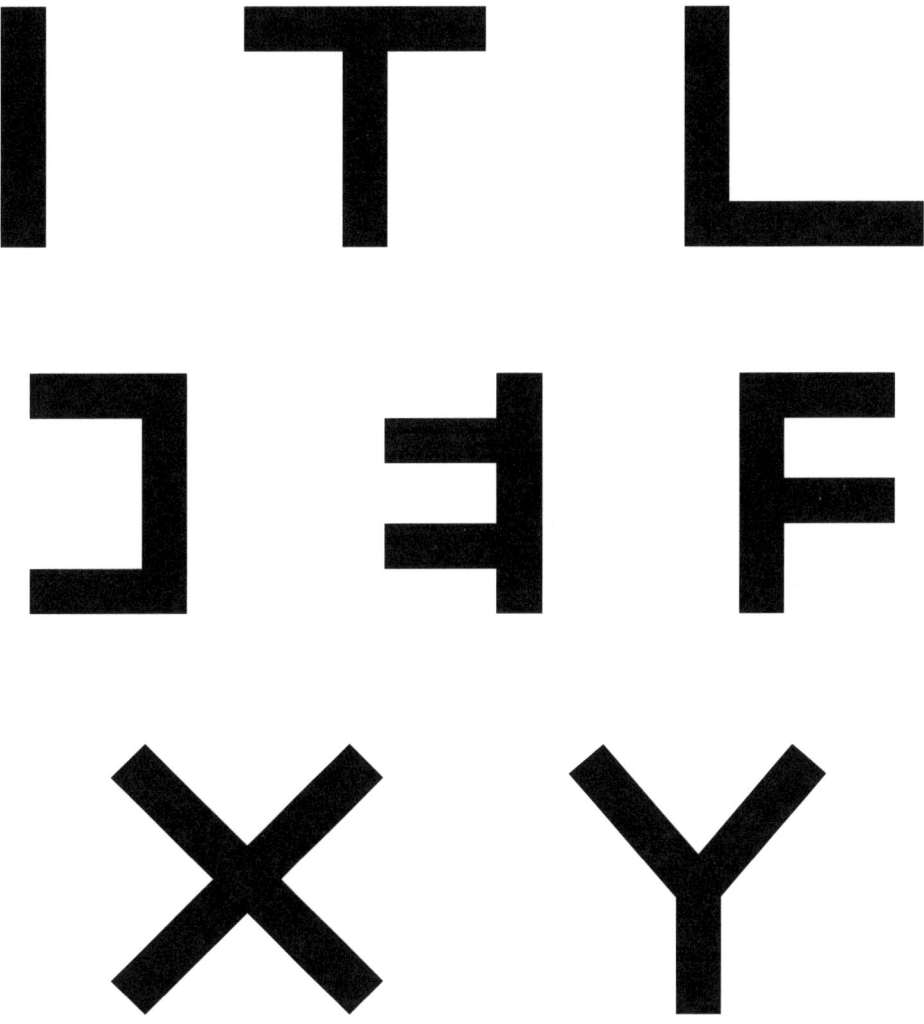

Sämtliche Schriftsysteme basieren auf denselben Grundformen, die fast immer aus drei (+/-1) Grundstrichen bestehen. Diese Anzahl scheint optimal zu sein, um von einem einzelnen Neuron der Buchstaben-Detektoren (→ *Parallele Buchstaben-Erkennung, S. 68*) leicht erfasst werden zu können. Die hier gezeigten neun Formen werden am häufigsten verwendet.

NETZWERKEN. Lesen erfordert ein weitverzweigtes, parallel arbeitendes Netzwerk zwischen verschiedenen Hirnarealen, die sich in der linken Hirnhälfte befinden. Nach der visuellen Repräsentation der Buchstaben werden Informationen über Wortwurzel, Sinn, Klang und Lautbildung zusammengetragen, um schließlich gesprochene Sprache niederschreiben und geschriebene Sprache aussprechen zu können.

> Zunächst werden die visuellen Eingangssignale, die auf die Retina treffen, im hinteren Teil des Hinterhauptes registriert. Von dort gelangen die Informationen in ein auf die Form von Buchstaben spezialisiertes Areal der Sehrinde, die *Region der visuellen Wortformen*. Diese Region wirkt wie ein Trichter, den alle visuellen Informationen passieren müssen, bevor sie von dort auf viele verschiedene Areale der linken Hirnhälfte verteilt werden.

Diese Organisation macht deutlich, wie das Sehsystem die vorhandenen Strukturen auf das Erkennen von Buchstaben umfunktioniert und erklärt, weshalb wir nicht *nicht* lesen können.

Die am Lesen beteiligten Hirnregionen bilden zwei grundlegende Netzwerke: Das eine wandelt Buchstaben und Buchstabenfolgen *(Grapheme)* in Klänge *(Phoneme)* um, das andere erschließt den Sinn. Die Verknüpfung von Seharealen mit Spracharealen ist grundlegend für die Fähigkeit, Lesen zu lernen. Die Hirnareale sind dabei auch netzwerkübergreifend mit mehreren anderen Arealen verbunden und halten wechselseitigen Kontakt. So werden während des Leseprozesses nicht nur visuelle Regionen aktiviert, sondern auch auditive, semantische, motorische und taktile.

> Das Zusammenschalten der verschiedenen Gehirnmodule wird durch den Frontallappen gewährleistet, ohne dessen Netzwerk die Regionen nicht miteinander kommunizieren würden. Beim Erlernen des Alphabets lernt das Gehirn, das in spezialisierten Modulen gespeicherte Wissen über einzelne Formen, Laute und Bedeutungen zu einer neuen, expliziten und abstrakten Form zusammenzustellen. Es verknüpft einzelne visuelle Elemente zu einer neuen Form, verbindet diese mit einem Laut sowie einer Bedeutung und generiert so einen Buchstaben. Diese Fähigkeit der Neuzusammenstellung bekannter Informationen führt beim Lesen zur Verbindung von Zeichen mit auditiven, phonologischen und lexikalischen Hirnarealen – also den Regionen, die für das Verständnis gesprochener Sprache verantwortlich sind.

Die Ausprägung des Frontallappens ist beim Menschen einzigartig und wohl dafür verantwortlich, dass keine andere Primatenart fähig ist, Lesen zu lernen.

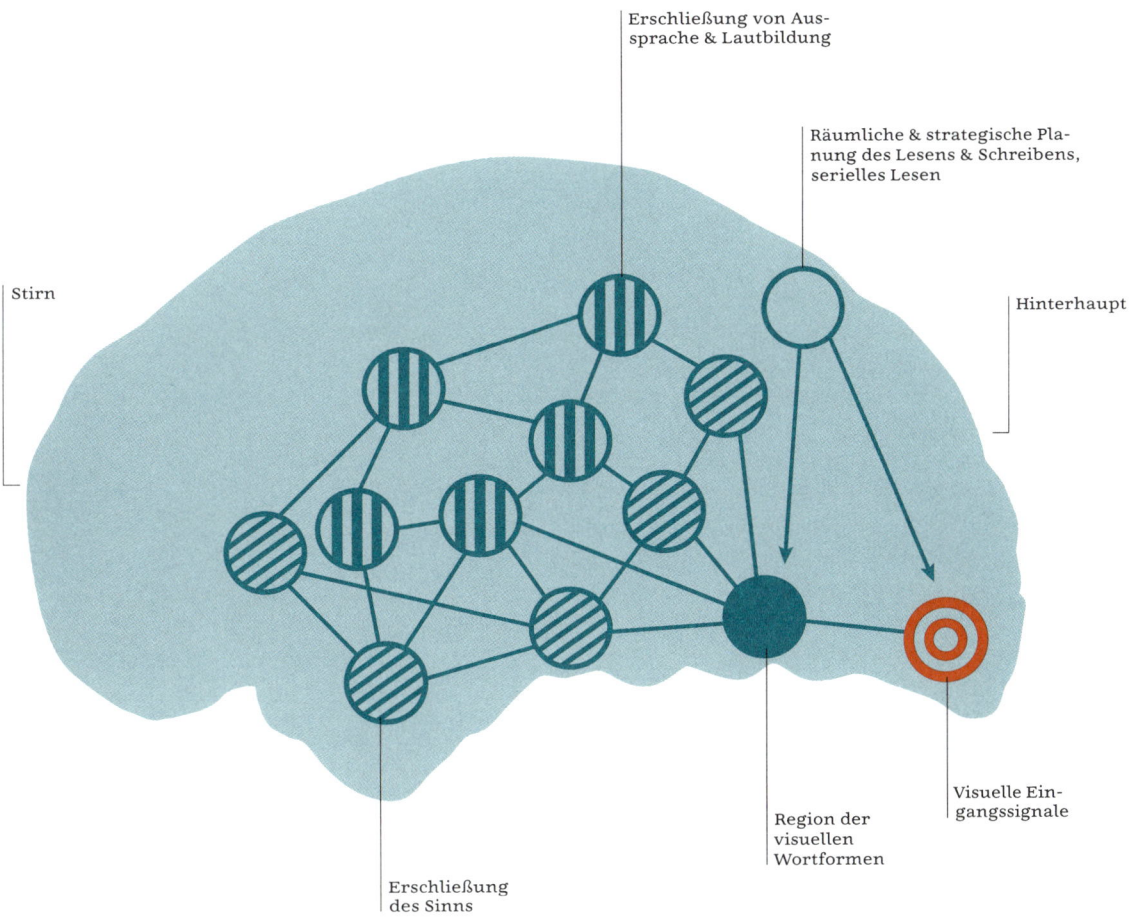

Verknüpfung verschiedener Hirnregionen beim Lesen. Lesen lernen heißt, die Sehareale mit den Sprachrealen zu verknüpfen, um so die visuellen Eingangssignale eines geschriebenen Wortes mit Sinn und Aussprache zu verbinden. Das Netzwerk in der linken Hirnhälfte setzt sich dabei aus bidirektionalen Verbindungen zusammen, sodass die Areale stets in wechselseitigem Austausch miteinander stehen. Das hier gezeigte Schema ist lediglich als Skizze zu betrachten, da viele Bereiche und Verknüpfungen im Gehirn noch nicht bekannt sind.

Wie wir Buchstaben erkennen

Ein und derselbe Buchstabe kann die unterschiedlichsten Formen annehmen, und dennoch ist unser Gehirn meist in der Lage, ihm in kürzester Zeit eine eindeutige Identität zuzuordnen. Dazu nutzt es eine sehr robuste und effektive Methode.

ABSTRAKTION. Wie schafft es unser Gehirn, aus der Vielzahl von Buchstabenformen unterschiedlicher Schriften, besonders Handschriften, doch die richtige Identität zu erkennen? Indem es sich auf die grundlegendsten Merkmale konzentriert und alle anderen individuellen Züge ignoriert. Dazu arbeiten die Neuronen unseres Gehirns auf verschiedenen Ebenen, auf denen die visuellen Eingangssignale immer weiter abstrahiert werden.

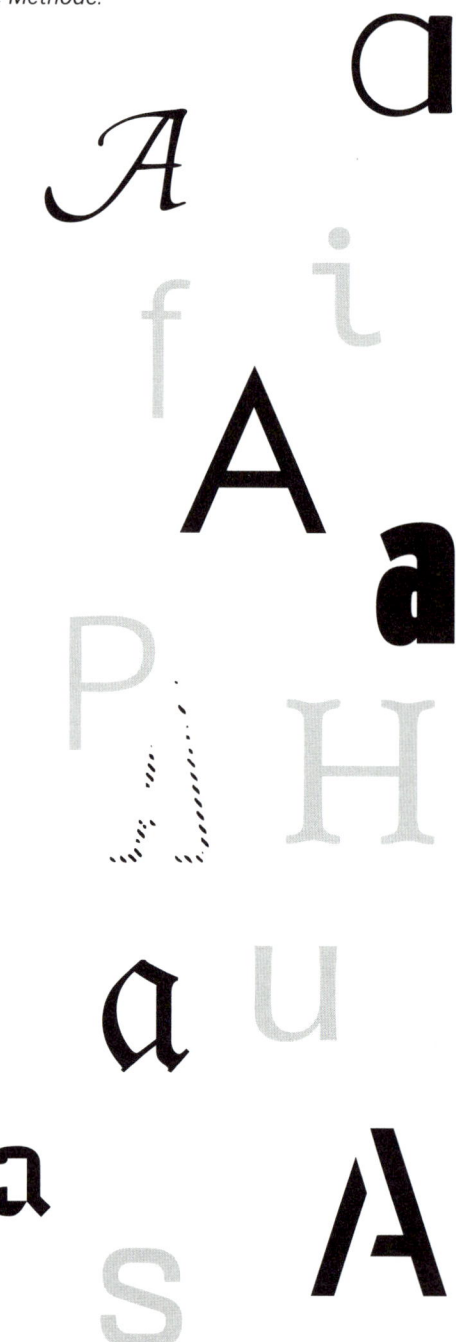

> Auf der untersten Neuronenebene werden die visuellen Signale zunächst registriert, ohne dass eine Bewertung erfolgt. Hier werden aus den verschiedenen Buchstabenvarianten die grundlegenden Merkmale herausgefiltert und an die übergeordnete Ebene weitergeleitet (→ *Parallele Buchstabenerkennung, S. 68*). Ein versales *A* besteht aus zwei Geraden, die sich an ihren oberen Enden berühren, sowie einer Horizontalen. Zusätzliche Details wie Serifen, Schmuckelemente oder ein Unterschied in den Strichstärken werden nicht an die Identifikationsneuronen weitergeleitet. Das Sehsystem sensibilisiert sich dabei auf das erlernte Schriftsystem und lernt, auf die entscheidenden Details zu achten. Ein Leser des lateinischen Alphabets registriert sofort den Unterschied zwischen *h* und *n*, die beiden hebräischen Zeichen ה und ח hält er aber wahrscheinlich für den gleichen Buchstaben.

Durch diese abstrakte Arbeitsweise wird der Erkennungsprozess beschleunigt und Buchstaben können unabhängig von ihrer Größe, Position und insbesondere ihrer individuellen Gestaltung schnell identifiziert werden. So können wir Klein- und Großbuchstaben gleich gut lesen. Sogar eine wIlD gEmIsChTe ScHrEiBwEiSe bereitet dem lesenden Gehirn keine Probleme, da die Buchstaben der beiden unterschiedlichen Alphabete sehr früh im Leseprozess zu einer abstrakten Identität umgewandelt werden, mit der die weitere Verarbeitung zu Wörtern und Sinn erfolgt.

Trotz der unterschiedlichsten Formvarianten, die Buchstaben annehmen, hat unser Gehirn keine Schwierigkeiten, diese korrekt zu identifizieren.

NEURONALE SPEZIALISTEN. Unser Gehirn verfügt in seiner Großhirnrinde über rund 20 Milliarden Neuronen. Unter ihnen gibt es sehr spezialisierte, die allein für das Erkennen von waagerechten, senkrechten oder diagonalen Linien, Kurven, Farben oder Bewegungen verantwortlich sind. Aus diesen spezifischen Neuronengruppen ergeben sich grob zwei Kategorien für Versalien: eine für runde Formen *(O C D G Q U R)* sowie eine für Geraden und Diagonalen *(A E F H I L M N T V W X Y Z)*. Daher ist es schwieriger, einen Buchstaben in einer Gruppe aus Lettern mit ähnlichen Merkmalen zu erkennen als unter Buchstaben mit grundlegend anderen Merkmalen. Einmal identifiziert, wird nur noch mit der abstrakten Information und nicht mit dem individuellen Muster weitergearbeitet. Ein *A* oder ein *a* ist schlichtweg ein *A*. Genauso wie ein Mensch ein Mensch ist – unabhängig von Geschlecht, Größe, Hautfarbe oder Figur.

ÜBUNG:

Suchen Sie sowohl in der linken als auch in der rechten Spalte nach einem Z.

Eine Studie von Ulric Neisser stellte fest, dass es viel einfacher ist, das Z in der linken Spalte unter nicht-verwandten Buchstaben zu erkennen als in der rechten Spalte mit Buchstaben, die sehr ähnliche Merkmale aufweisen.

ODUGQR	IVMXEW
QCDUGO	EWVMIX
CQOGRD	EXWMVI
URDGQO	IXEMWV
DUZGRO	VXWEMI
UCGROD	MXVEWI
CGUROQ	VIMEXW
UOCGQD	EXVWIM
RGQCOU	VWMIEX
GRUDQO	MXIVEW
OCURDO	VXWMEI
DUOCQG	WVZMXE
CGRDQU	XEMIWV
DURCOQ	WXIMEV
GOQUCD	EMWIVX
URDCGO	IVEMXW
GODRQC	MXEWIV

ÜBUNG:

Suchen Sie die zwischen den Buchstaben versteckten Zahlen.

Zahlen werden in einem anderen Teil des Gehirns verarbeitet als Buchstaben, weshalb sie sehr schnell in einer Buchstabenmenge auszumachen sind.

ODXUGIQRQCDUSGTOACQOGRDUBFGQ
ODFUC2GROUCGRODCFG1ULROQZCUO
CGQDEBRGLQCAOUGRUDQOSOCYURDU
OCSQYGCGRDQYUDURCOQ0TIVPMXEI
WEWTVMIXEIXWMXBVIIX7EMCWVVX
WEMIFMXVEOWIVALTIMEXWATNWEP

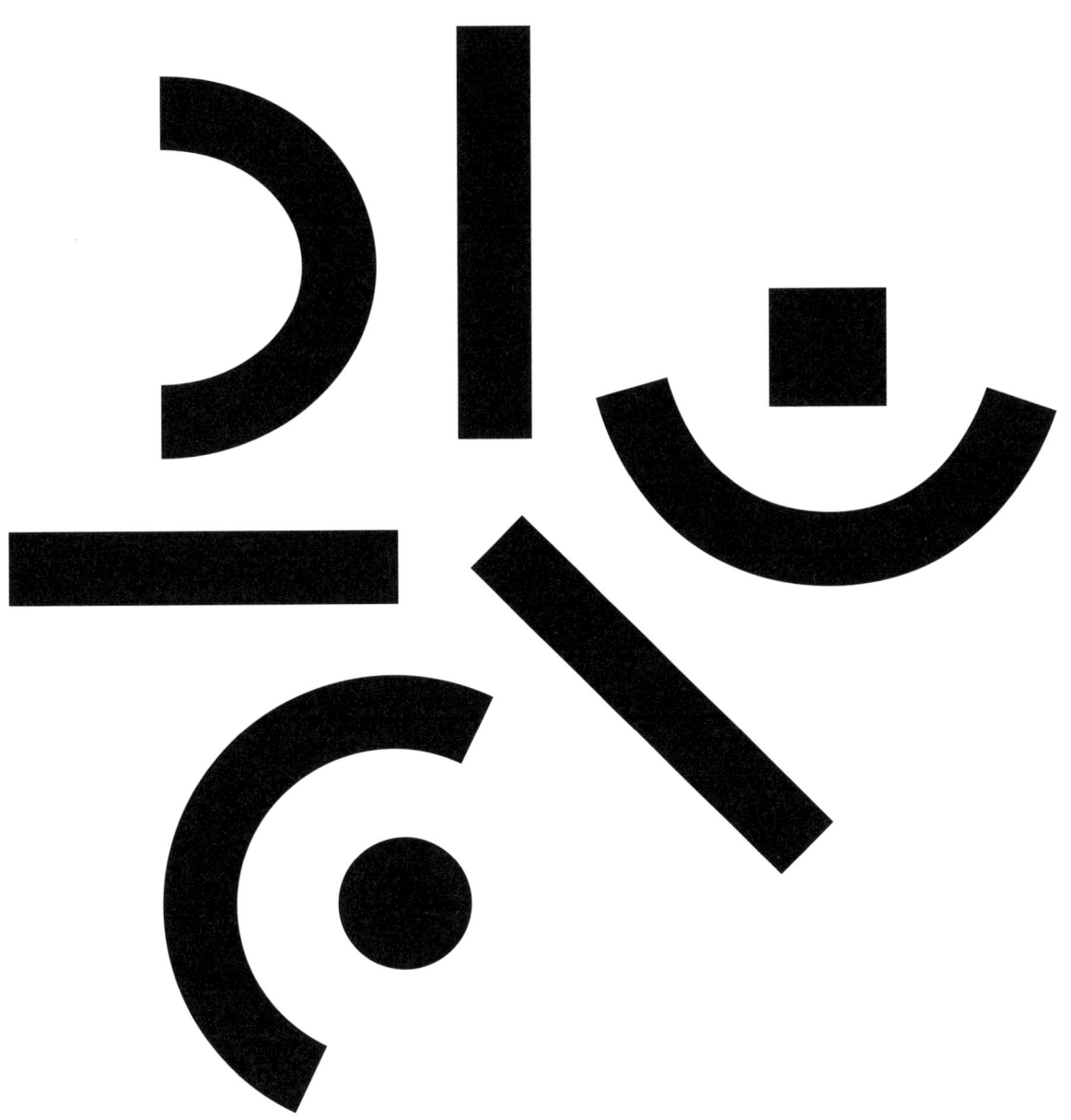

Hoch spezialisierte Neuronen reagieren ausschließlich auf bestimmte Formen in bestimmten Winkeln. Für die Erkennung einer Rundung oder einer Diagonalen sind daher je nach Ausrichtung unterschiedliche Neuronengruppen zuständig.

MERKMAL-ABGLEICH. Um Buchstaben zu entschlüsseln, konzentriert sich das Gehirn auf das Erkennen wesentlicher, charakteristischer Merkmale. Neben den Verbindungsstellen sind dies auch Strichenden und horizontale Elemente – denn genau diese Partien unterscheiden die Buchstaben voneinander. Bei der Gestaltung einer Schrift sollte daher besonders in diesen Bereichen auf eindeutige Unterscheidungsmerkmale geachtet werden. Der empirische Beweis für diese Art der Buchstabenerkennung widerlegt das lange angenommene *Schablonen-Prinzip* (von Adrian Frutiger *Schlüssel-Loch-Prinzip* genannt), wonach das Gehirn für jeden Buchstaben eine Grundform abgespeichert hat. Diese Theorie konnte jedoch nicht erklären, wie wir so unterschiedliche Typen und Handschriften problemlos lesen können. Mit dem Merkmal-Abgleich arbeitet das Gehirn hingegen wesentlich effizienter, indem es sich auf das Erkennen der wenigen relevanten Merkmale für das Unterscheiden von Buchstaben fokussiert.

Eine Studie an den kanadischen Universitäten Victoria und Montréal (2008) konnte das beweisen. Sie maskierten Buchstaben so, dass nur noch besagte Partien sichtbar waren (→ Abb. rechts).

Ein kleiner, nach links zeigender Schwung macht aus einem *i* ein *j*.

Aus einem *O* wird ein *G*, wenn nach dem leichten Öffnen an der rechten Seite ein Querstrich und ein vertikaler Schaft hinzugefügt werden.

Ein *u* unterscheidet sich von einem *n* durch die Position der horizontalen Verbindung der beiden Stämme.

Am wichtigsten für die richtige Buchstaben-Identifizierung sind die Unterscheidungsmerkmale von *c*, *e* und *o*, die in kleinen Punktgrößen oder unter schlechten Sichtbedingungen leicht miteinander verwechselt werden.

Legilux Caption

Wie wir Buchstaben erkennen 61

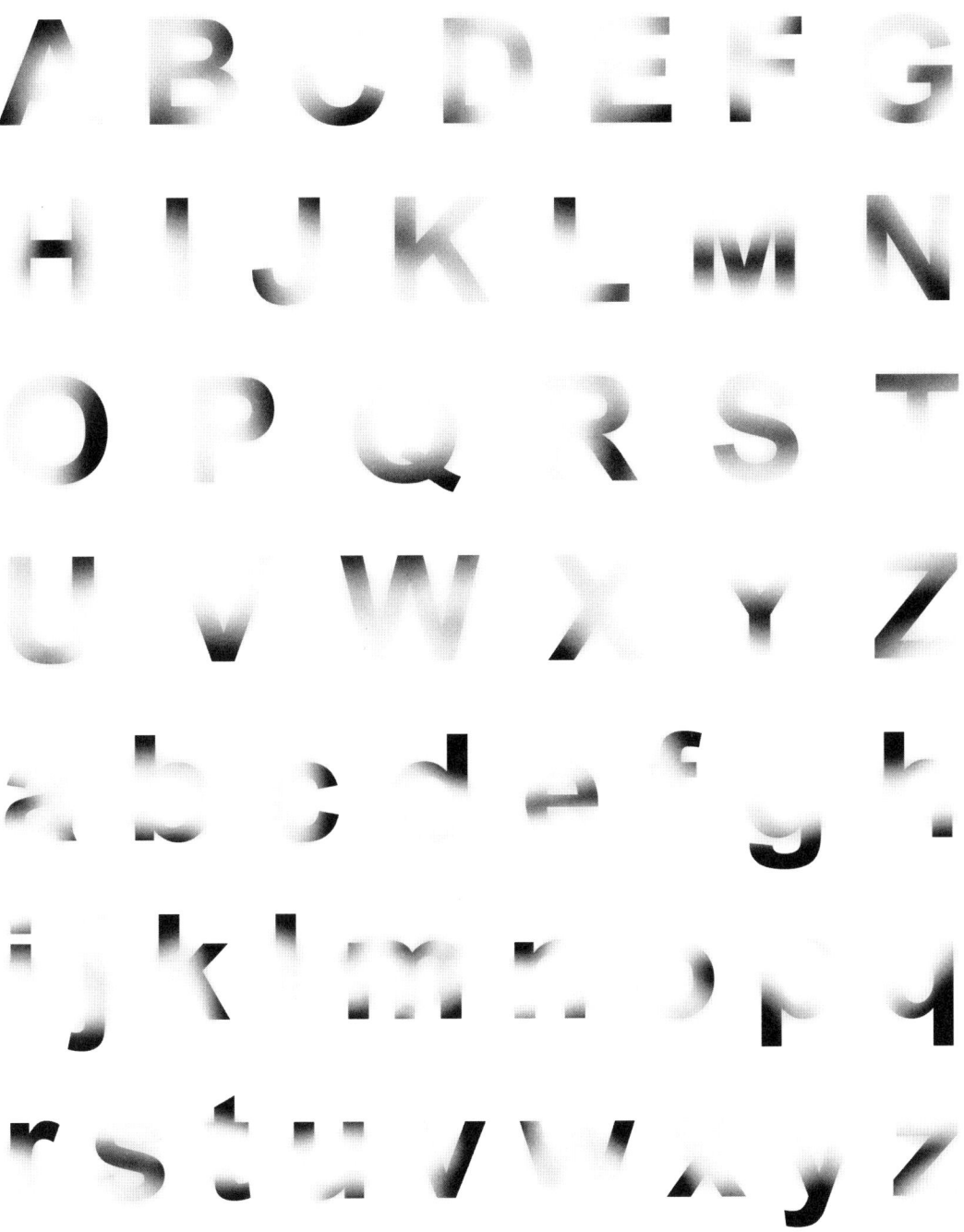

Strichenden und horizontale Elemente sind das Entscheidende bei der Buchstaben-Identifizierung.
Arial Bold

DIE OBERE HÄLFTE. Die Basis des Lesens bildet die Buchstabenerkennung. Dabei spielen ganz bestimmte Partien der Buchstaben eine übergeordnete Rolle. Wissenschaftliche Studien haben festgestellt, dass alle Buchstaben, sowohl Versalien als auch Gemeine, mit Abstand besser anhand ihrer oberen Hälfte identifiziert werden können als durch die untere Hälfte. Das ist leicht nachvollziehbar, da sich die Buchstaben oft genau durch diese oberen Teile unterscheiden. Zum Beispiel grenzen sich *n* und *u* durch die Höhe der horizontalen Verbindung voneinander ab.

Es ist ohne große Mühe möglich, diese

bei der unteren Hälfte hingegen sieht

omnibus *Futura EF*

omnibus *Legilux*

omnibus *Futura EF*

omnibus *Legilux*

Serifenschriften bieten in den meisten Fällen eindeutigere Differenzierungsmerkmale – besonders in der unteren Zeichenhälfte, durch Strichkontrast und Serifen.

1843 brachte der Franzose Maître Leclair ein Buch heraus, in dem lediglich halbe Zeilen abgedruckt waren. Sein Hintergedanke war allerdings die Kostenersparnis, weniger das Experiment zur Lesbarkeit. Dennoch zeigt es anschaulich, dass die obere Hälfte der Buchstaben wichtiger für ihre Erkennung ist als die untere.

Die ausschlaggebenden Unterscheidungsmerkmale der verschiedenen Buchstaben sind am häufigsten in der oberen Partie der Mittellängen zu finden. Die Elemente nahe der Grundlinie ähneln sich hingegen sehr

Satz auch ohne untere Hälfte zu lesen

das gleich ganz anders aus.

Gill Sans Std

Legilux

Gill Sans Std

Legilux

SPIEGELSYMMETRIE. Das Sehsystem hat im Laufe der Evolution eine überlebenswichtige Kompetenz entwickelt: Es überträgt automatisch Kenntnisse über einmal erfasste Objekte auf entsprechende gespiegelte Bilder, sodass ihre Erkennung unabhängig von der Ausrichtung im Raum ablaufen kann. Wurde einst ein Hominide von der linken Seite durch einen Löwen angegriffen, profitierte der Frühmensch davon, wenn er diesen auch erkannte, falls er sich nochmals von rechts näherte. Es machte keinen Unterschied, von welcher Seite die Gefahr drohte, die Reaktion musste gleichermaßen möglichst schnell erfolgen. Daher erfolgt die generalisierende Spiegelung nur auf der horizontalen, nicht aber auf der vertikalen Ebene.

Die Symmetrie ist im Aufbau des Gehirns wiederzufinden: Beide Hemisphären sind anatomisch im Wesentlichen gleichartig aufgebaut, obwohl Aufgaben und Funktionen des Gehirns eine räumliche Spezialisierung auf die linke bzw. rechte Hirnhälfte erfahren haben *(Lateralisation).* Die Sehareale beider Hirnhälften arbeiten dabei unabhängig voneinander. Nur wenn eine Hirnhälfte eine neue visuelle Information erlernt, wird diese sofort samt aller kognitiven Verknüpfungen an die andere Hälfte weitergeleitet. Der Austausch erfolgt über ein ausgeprägtes Faserbündel *(Balken),* das entsprechende Areale beider Hemisphären miteinander verbindet. Aufgrund der Anatomie werden dabei aber alle Erinnerungen symmetrisch gemacht und somit verallgemeinert abgespeichert.

Das Phänomen der gespiegelten Generalisierung ist häufig bei Kindern bis zum achten oder zehnten Lebensjahr zu beobachten. Die Kinder durchlaufen ein sogenanntes *Spiegelstadium:* Sie schreiben zeitweilig spiegelverkehrt, aber in korrekter Reihenfolge von rechts nach links, und bemerken ihren Fehler auch im Nachhinein nicht. Chinesische und japanische Kinder, die eine Silbenschrift erlernen, zeigen gleichermaßen diese Episode des gespiegelten Schreibens.

Für die Verarbeitung von Schrift ist die gespiegelte Generalisierung jedoch ein Hindernis. Wie sollen die Buchstaben *b* und *d* oder *p* und *q* unterschieden werden? Das Gehirn muss lernen, für das Lesen von Schrift den Symmetriezwang aufzubrechen und Schriftzeichen nicht als Objekte mit verschiedenen Ansichten zu behandeln. Dieser schwierige Abkopplungsprozess dauert mehrere Monate und bedeutet nichts weniger als eine »Umprogrammierung« des Gehirns des Lesen-Lernenden.

MUAB BAUM

Die gespiegelte Verbindung beider Hirnhälften wird deutlich, wenn man gleichzeitig mit beiden Händen schreibt. Für Rechtshänder fällt mit der linken Hand das gespiegelte Schreiben leichter als die korrekte Schreibrichtung.

Hierbei handelt es sich um eine Hypothese der Wissenschaftler Michael Corballis und Ivan Beale von der Universität Auckland (1970er).

Das Aufbrechen der Symmetrie ist nicht für alle Schriftsysteme notwendig. Ägyptische Hieroglyphen und das alte Griechisch wurden abwechselnd und gespiegelt von rechts nach links und umgekehrt geschrieben. Heute ist bei Zeichen des indischen Tamil keine einzige Spiegelung zu finden, sodass keine Verwechslungsgefahr droht.

Wie wir Buchstaben erkennen

Das Gehirn überträgt einmal erworbene Kenntnisse über Objekte und Gesichter auf gespiegelte Ansichten. Diese Generalisierung beschleunigt den Erkennungsprozess enorm – beim Lesen ist diese Kompetenz jedoch irreführend und muss unterdrückt werden.

Wie wir Wörter erkennen

Um ein effektives Lesetempo zu erreichen, arbeitet das Gehirn parallel auf mehreren Ebenen. Dabei verknüpft es in Bruchteilen von Sekunden Formelemente mit Buchstaben, Buchstaben mit Wörtern und Wörter mit Bedeutung und Aussprache.

WORTBILDER sind die älteste und verbreitetste Theorie der Worterkennung – und mittlerweile widerlegt. Sie nimmt an, dass Wörter anhand ihres Umrisses oder durch das Muster aus Ober-, Unter- und Mittellängen erkannt werden. Diese Bilder sollen sich durch wiederholtes Lesen einprägen. Je häufiger ein Wort gelesen wurde, desto eingeprägter sollte das Wortbild sein und desto schneller sollte dementsprechend ein Wort erkannt werden – so die Theorie.

Widerlegte Annahme des niederländischen Forschers Herman Bouma: Muster aus Wortumriss

Als stärkster Beweis für die Annahme der Wortbild-Erkennung wird der *Wortüberlegenheits-Effekt* genannt. Er beweist, dass Buchstaben im Verbund schneller erkannt werden als isoliert stehend. Wird einem Leser für eine sehr kurze Zeit das Wort *WORD* gezeigt, kann dieser anschließend eher bestimmen, ob der Buchstabe *D* im gezeigten Wort enthalten war, als wenn er eine wahllose Buchstabenreihung wie *ORWD* gezeigt bekommen hätte. Dieser Effekt wird jedoch durch geläufige Buchstabenkombinationen hervorgerufen. Hierbei ist eine für die jeweilige Sprache phonologisch gebräuchliche Buchstabenreihung ausreichend. So kann eine gesuchte Letter auch in sogenannten *Pseudowörtern* wie *WUDE* oder in vertrauten Konsonantenketten wie *WRDN* erkannt werden.

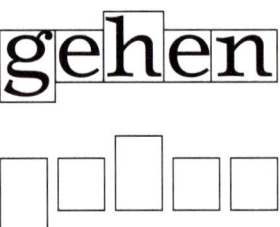

Widerlegte Annahme: Muster aus Kombination von Ober-, Unter- & Mittellängen

Ein weiteres Argument, das gerne als Beweis für die Wortbild-Theorie gebracht wurde, ist das schnellere Lesen von gemischtem Satz gegenüber Majuskel- oder durcheinander gesetztem Satz. Minuskeln bilden der Theorie zufolge markantere Umrisse als die einheitlichen Majuskeln. Das stimmt zwar, aber das lesende Gehirn interessiert sich bei der Verarbeitung der Buchstaben nicht dafür, welchem Alphabet diese angehören, weil es ihre Identität sofort abstrahiert. Die Überlegenheit der Minuskeln in der Lesegeschwindigkeit liegt allein an der Gewohnheit des Lesers. Selbst wenn man spiegelverkehrten Satz liest, wird man feststellen, dass sich die Leseleistung rasch verbessert.

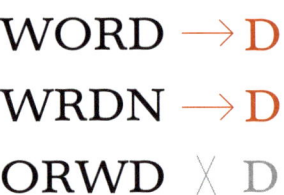

Wortüberlegenheits-Effekt: Buchstaben werden leichter erkannt in einer Kombination, die in der jeweiligen Sprache geläufig ist.

WiLd GeMiScHtEr SaTz IsT nUr ReChT lAnGsAm LeSbAr – dAs LiEgT aLlErDiNgS aLlEiN aN dEr GeWoHnHeIt DeR lEsEr.

Gemischter Satz kann am schnellsten gelesen werden, weil ein Großteil aller Texte in dieser Art gesetzt ist.

DIE EINHEITLICHE FORM DES VERSALSATZES STELLT FÜR DAS LESENDE GEHIRN KEIN HINDERNIS DAR.

SOGAR SPIEGELVERKEHRTER SATZ IST NACH EINER GEWISSEN EINGEWÖHNUNGSPHASE LESERLICH.

Wobei spiegelverkehrte Gemeine doch schwerer zu lesen sind als Versalien, da b–d oder p–q leichter verwechselt werden.

Alles eine Frage der Gewöhnung. Wir lesen das am besten, was wir am häufigsten lesen – den gemischten Satz. Dennoch können wir uns schnell an andere Satzarten gewöhnen. Das beweist, dass Wortbilder nicht das Prinzip der Worterkennung sind.

PARALLELE BUCHSTABENERKENNUNG. Das Worterkennungs-Modell der parallelen Wahrnehmung aller enthaltenen Buchstaben *(Parallel Letter Recognition)* spiegelt am besten die vernetzte Arbeitsweise unseres Gehirns wider. Ihm zufolge werden alle Buchstaben eines Wortes gleichzeitig erfasst und verarbeitet. Dies geschieht über ein komplexes Netzwerk aus Neuronen, die simultan über drei Erkennungsebenen arbeiten: Merkmal-, Buchstaben- und Wortebene.

Ein Leseanfänger ist noch nicht zu dieser parallelen Verarbeitung in der Lage. Er entschlüsselt Wörter seriell, Buchstabe für Buchstabe.

Die Neuronen kommunizieren über Leitungsbahnen miteinander, indem sie ihre Kommunikationsrate erhöhen (etwas erkannt) oder verringern (nichts Relevantes erkannt). So hält jedes Neuron der Merkmalebene eine Verbindung zu jedem Neuron der Buchstabenebene, und Letztere halten ihrerseits jeweils eine Verbindung zu jedem Neuron der Wortebene. Diese vernetzte Arbeitsweise hat einen wesentlichen Vorteil: Sie ist äußerst robust gegenüber Ausfällen einzelner Neuronen, da immer ganze Neuronengruppen für die Erkennung eines Wortes zuständig sind.

Die Erkennung der einzelnen Merkmale, Buchstaben und Wörter kann man sich wie eine Parlamentsabstimmung vorstellen: Der mit den meisten Stimmen gewinnt. Zunächst werden auf der untersten Ebene aus den von der Retina eintreffenden Informationen einzelne Elemente der Buchstaben erfasst – zum Beispiel eine Senkrechte und eine Waagerechte, die sich in einem spezifischen Punkt schneiden. Die zuständigen Neuronen auf der Buchstabenebene stimmen dann für den Letter *T*, aber gegen ein *S*. Dieses Votum wird an die Wortebene weitergegeben, auf der alle Wörter, die ein *T* enthalten, in die engere Auswahl kommen. So wird mit allen Buchstaben eines Wortes zeitgleich verfahren, sodass das Wort mit den meisten Stimmen schnell ermittelt wird.

Auf der Ebene der Buchstaben-Detektoren wird die Identität der Buchstaben abstrahiert, sodass die Worterkennung unabhängig von Buchstabenart und individuellen Zügen erfolgt.

Ein weiterer Vorteil dieses Modells ist (neben der sehr effizienten Arbeitsteilung), dass die Ebenen für Wörter und Buchstaben in beide Richtungen kommunizieren (*Top-down-* und *Bottom-up-Prozess*), sodass die Wortebene der Buchstabenebene Vorschläge für noch fehlende Lettern senden kann. Das ermöglicht das Lesen von Wörtern mit unklaren oder falschen Buchstaben. Diese Fähigkeit könnte eine Erklärung für den *Wortüberlegenheits-Effekt* sein. Da Wörter über zwei Ebenen gleichzeitig abgeglichen werden, besteht für Wörter eine höhere Erkennungsquote als für einzelne Buchstaben.

Wie wir Wörter erkennen

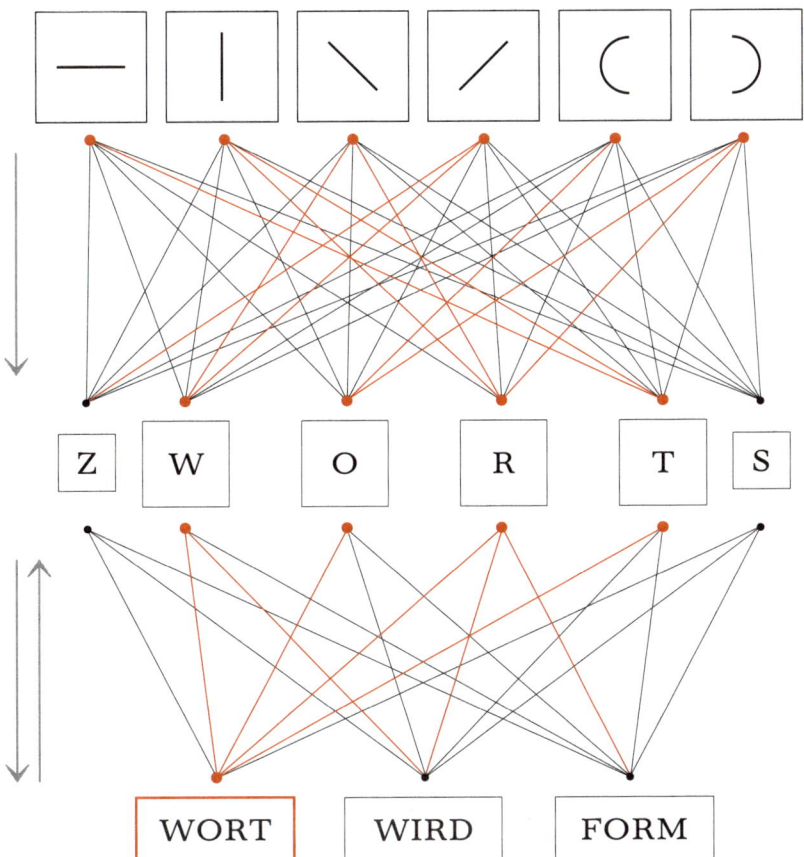

gesehenes Wort

1. Merkmal-Detektoren
Auf der ersten Ebene werden über die Netzhaut Muster erkannt. Aufgrund der erfassten Merkmale hemmen (schwarz) oder verstärken (orange) Neuronen ihre Verbindungsrate zu den betreffenden Buchstaben der zweiten Ebene.

2. Buchstaben-Detektoren
Sie ermitteln den Buchstaben mit den meisten erkannten Merkmalübereinstimmungen. Der aktivierte Buchstabe verstärkt seinerseits die Verbindungen zu Wörtern, in denen er enthalten ist.

3. Wort-Detektoren
Hier wird schließlich das Wort mit der stärksten Verbindungsrate ermittelt. Fehlen noch Buchstaben zur vollständigen Erkennung, kann diese Ebene auch Vorschläge an die Buchstaben-Detektoren senden.

 verstärkte Kommunikation
○ gehemmte Kommunikation

Modell der parallelen Buchstaben-Erkennung: Auf drei Ebenen werden interaktiv alle Buchstaben eines Wortes gleichzeitig erkannt und verarbeitet.

(Jay McClelland & David Rumelhart, 1981)

BIGRAMME bezeichnen ein geordnetes Buchstabenpaar (z. B. *E* links von *N*) und stellen dem Kognitionswissenschaftler Stanislas Dehaene zufolge die zweckmäßigste (bislang aber noch hypothetische) Erklärung auf der Ebene der visuellen Buchstabenerkennung dar. Hierbei sammeln Bigramm-Neuronen die Reaktionen zweier Neuronengruppen, von denen beispielsweise die eine auf die Erkennung von *E* und die andere auf die Erkennung von *N* spezialisiert ist. Die Empfindlichkeit für die Reihenfolge des Bigramms wird erreicht, indem auf der Retina die Rezeptorfelder der für *E* empfänglichen Neuronen links von denen angeordnet werden, die auf *N* reagieren.

Rezeptoren der Retina senden ihre Signale an spezifische Neuronen im Gehirn. Ein Neuron ist daher räumlich auf den Bereich eingeschränkt, aus dem es Informationen erhält.

Bigramm-Neuronen können durch diese Weiterverarbeitung der vorhandenen Information viel unabhängiger von der absoluten Position zweier Buchstaben im Wort reagieren als die Detektoren für einzelne Buchstaben. Da die Reaktionen auf der vorgeschalteten Buchstabenebene allerdings von einem sehr weiten Feld der Retina stammen, können die Bigramm-Neuronen nicht feststellen, ob sich die gesuchten Lettern *E* und *N* direkt nebeneinander befinden oder ob andere zwischen ihnen stehen – ein sogenanntes *offenes Bigramm*.

Das Lesen mithilfe der Verarbeitung von Bigrammen würde erklären, weshalb Wörter auch erkannt werden, wenn Buchstaben fehlen oder vertauscht wurden. Lediglich der erste und letzte Buchstabe müssen an ihrer korrekten Stelle stehen. Sobald jedoch die Abstände der Lettern eines Wortes größer als zwei Zeichen werden, bricht die Erkennung von Bigrammen zusammen, sodass die Lesegeschwindigkeit rapide sinkt.

E N

Grapheme
Einzelne Zeichen werden von Buchstaben-Detektoren erkannt.

EN

Bigramm
Spezialisierte Neuronen reagieren auf Paarungen erkannter Buchstaben.

ENDE MENSA

Geschlossenes Bigramm
Bigramme können an jeder Stelle im Wort stehen.

SEIN STERNE

Offenes Bigramm
Ein bis zwei Lettern können zwischen den Buchstaben eines Bigramms stehen.

Das Lesen mithilfe der Verarbeitung von Bigrammen würde erklären, wsehlab Wröetr acuh ekrannt wredn, wnn Bcuhstaebn fhln odr vretuashct wuerdn. Lediglich der erste und letzte Buchstabe müssen an ihrer korrekten Stelle stehen. Die Erkennung von Bigrammen bricht jedoch zusammen, sobald die Abstände der Lettern eines Wortes größer als zwei Zeichen werden.

Wörter werden vermutlich anhand der Liste ihrer möglichen Buchstabenpaare *(Bigramme)* kodiert und nicht anhand der absoluten Position der Buchstaben im Wort. Werden zwei Lettern eines Wortes miteinander vertauscht, bleiben in diesem Beispiel 90 Prozent des Kodes unverändert. Ersetzt man hingegen dieselben zwei Buchstaben durch andere, stimmen nur noch 30 Prozent der Bigrammliste mit dem ursprünglichen Kode überein. Diese Ähnlichkeit des Kodes würde erklären, weshalb man auch bei vertauschten Lettern wie in *MÄDGE* trotzdem *MÄGDE* liest. Der Kode eines Wortes ist aber nicht immer frei von Zweideutigkeiten. *ANNA* und *NANA* verfügen über dieselbe Liste von Bigrammen: *AA, NN, AN* und *NA*. Um solche Wörter unterscheiden zu können, kodieren lokale Detektoren für ein genau definiertes Rezeptorfeld, zum Beispiel am Wortanfang. So reagiert das Neuron zwar auf *ANna*, nicht aber auf *nANa*. Auf diese Weise erhält jedes Wort seinen eigenen, unmissverständlichen Kode.

WÖRTER MIT BAUMSTRUKTUR. Jedes Wort wird durch einen abstrakten Kode definiert, der unabhängig von der äußeren Erscheinung (Schrifttyp, Größe, Perspektive) das »Wesen« der Buchstabenfolge beschreibt. Es gibt Hinweise darauf, dass sich dieser Kode hierarchisch gliedert, indem sich die Lettern zu größeren Einheiten gruppieren und diese Einheiten wiederum in übergeordnete Gruppen zusammengefasst werden. Auf diese Weise bauen sich Wörter wie Bäume auf, wobei die Blätter die einzelnen Buchstaben und die Zweige die komplexer werdenden Worteinheiten darstellen.

> Der Hypothese zufolge zerlegt das Gehirn diese Baumstruktur automatisch in seine elementaren Bestandteile und analysiert diese parallel auf unterschiedlichen Ebenen. Auf der untersten Ebene liegen die *Grapheme*, einzelne Buchstaben oder Buchstabenfolgen, die einen Laut (*Phonem*, eine elementare Gruppe der gesprochenen Sprache) beschreiben. Ein Phonem, das aus mehreren Lettern gebildet wird, wie der *sch*-Laut, wird als eine Einheit behandelt – die einzelnen enthaltenen Zeichen werden nicht mehr registriert.

Die Grapheme schließen sich zu Silben zusammen. Komplexe Grapheme *(eur, ion)*, häufige Silben *(ein-, aus-)*, Vorsilben *(auf-, vor-)*, Nachsilben *(-en, -er, -tion)* sowie der Wortstamm bilden *Morpheme*. Sie liefern die kleinsten, in einem Wort enthaltenen Sinneinheiten, die gemeinsam den Wortsinn definieren. Mit ihrer Hilfe ist es möglich, auch unbekannte Wörter zu lesen und zu verstehen. Die Zerlegung in Morpheme ist ein entscheidender Schritt der mentalen Verarbeitung, um zum Sinn zu gelangen, und erfolgt sehr schnell und unbewusst.

> So wird ein Wort nie von einem einzelnen Neuron repräsentiert. Wie ein pointillistisches Gemälde setzt sich der hypothetische neuronale Kode aus kleinsten Bausteinen zusammen, die den Wortaufbau stark strukturieren und gleichzeitig elastisch halten, sodass die Worterkennung unempfindlich gegenüber oberflächlichen Veränderungen der äußeren Wortform (Position, Größe, Form, exakte Buchstabenreihenfolge) erfolgen kann.

Verschaltung
Zierhecke
Räucherei
Physiotherapeut
Nasszelle

Phoneme sind einzelne Buchstaben oder Buchstabenfolgen *(Grapheme)*, die einen Laut beschreiben.

einwachsen
auftreiben
Vorschwimmer
Inskription
Verschulung

Morpheme bilden aus Vorsilben, Wortstamm und Nachsilben den Sinn eines Wortes.

Graphem
Einzelne Buchstaben oder Buchstabenfolgen *(sch, eu)*, die einen Laut bilden, das *Phonem*.

Silbe
Zusammengezogene Grapheme, zu einer übergeordneten Einheit.

Morphem
Kleinste im Wort enthaltene Sinneinheit (Wortstamm, Vor- und Nachsilben). Sie legen gemeinsam den Sinn des Wortes fest.

Wort

Wörter gliedern sich in unterschiedlich große Einheiten, die teils parallel von mehreren spezialisierten Neuronengruppen analysiert werden, sodass die Identifizierung schnellstmöglich ablaufen kann.

ZWEI PARALLELE LESEWEGE. Um geschriebene Wörter zu entschlüsseln, nutzt das lesende Gehirn simultan zwei unterschiedliche Analysewege. Der *phonologische Weg* wandelt zunächst die Buchstaben in Laute um und gelangt über die Lautbildung zu einem Wortsinn. Der *lexikalische Weg* überspringt die Lautbildung und gelangt direkt von der Buchstabenfolge zu einem Sinn.

> Der wichtigste Schritt beim Lesenlernen ist die Umwandlung von Graphem in Phonem. Zu diesem Zeitpunkt wird noch ausschließlich der phonologische Weg des Lesens genutzt. Der geübte Leser verwendet den Weg der Lautumwandlung in erster Linie, um unbekante Wörter zu lesen oder um trotz Rechtschreibfehlern zum Sinn zu gelangen. Doch auch, wenn der Leser primär den effizienteren Weg der mentalen Enzyklopädien nutzt, wird weiterhin auf einer tieferen Ebene die Aussprache der Wörter automatisch aktiviert.

Doch nur mithilfe des lexikalischen Weges können Zweideutigkeiten gleichklingender Wörter *(Homonyme)* eindeutig entschlüsselt sowie die richtige Aussprache von unregelmäßigen Wörtern gebildet werden. Das Gehirn verfügt über zahlreiche mentale Lexika, die sich beispielsweise in folgende Kategorien gliedern: Orthografie, Phonologie, Grammatik, Abkürzungen, Fremdwörter, Eigennamen. Jedes dieser Wörterbücher kann an die 100.000 »Einträge« enthalten, die wiederum mit Dutzenden semantischen Informationen verknüpft sind.

> Beide Lesewege unterstützen einander und je nach Aufgabe (lautes Lesen / Text verstehen) und zu lesendem Wort (un-/bekannt, un-/regelmäßig) tritt der phonologische oder der lexikalische Weg vermehrt in den Vordergrund. Das Zusammenspiel beider Wege ist ein langwieriger, aber wertvoller Lernprozess und benötigt mehrere Jahre.

Wie wir Wörter erkennen 75

KAUTSCH
PAFÜM
PFEAD

SAQUE
SÄNDER
RABABASAPHT

ACETYLSALICYLSÄURE
LEPIDOSTROBOPHYLLUM
PROLYELLICERATIDAE

Phonologischer Weg
Der indirekte Leseweg über die Umwandlung von Graphemen in Phoneme erfolgt bei einer orthografisch falschen Schreibweise oder bei unbekannten Wörtern.

Englisch **RIGHT WRITE RITE**

Französisch **MAIS MES METS**

Deutsch **FIEL VIEL**

Lexikalischer Weg
Der analytische Leseweg zerlegt das Wort in seine Bestandteile und gelangt so zu seiner Bedeutung. Dieser direkte Weg löst Zweideutigkeiten von gleichklingenden Wörtern auf. Manchmal muss es aber noch zusätzlich aus dem Zusammenhang erschlossen werden.

TRANSPARENZ DER SPRACHE beschreibt die Regelmäßigkeit bei der Umwandlung von Buchstaben in Laute. Dieser Schritt ist beim Lesenlernen von grundlegender Bedeutung und je nach Grad der Systematik der Sprache lernen Kinder schneller oder langsamer Lesen und Schreiben.

Finnisch und Deutsch sind aus orthografischer Sicht sehr transparente Sprachen. Schon nach wenigen Monaten können Leseanfänger nahezu jedes Wort ihrer Sprache lesen, da es praktisch keine unregelmäßigen Lautformungen gibt. Sobald verstanden wurde, wie welches Graphem ausgesprochen wird, steht dem effizienten Lesen nichts mehr im Weg.

So einfach haben es Englisch oder Französisch sprechende Kinder nicht. Ihre Sprachen beinhalten etliche Ausnahmen und kombinatorisch bedingte Abweichungen der Aussprache, sodass ein französischsprachiges Kind mit neun Jahren immer noch schlechter liest als ein siebenjähriges deutschsprachiges Kind. Ein englischsprachiger Leseanfänger benötigt nochmals zwei weitere Jahre, um das Leseniveau des Französisch sprechenden Kindes zu erreichen – es liest also mit elf Jahren noch immer schlechter als ein siebenjähriges Deutsch sprechendes Kind.

Chinesische Kinder haben es aber mit Abstand am schwersten: Für den Alltag müssen sie 3000 bis 5000 Zeichen beherrschen – von insgesamt über 87.000. Die meisten Wörter des Mandarinchinesisch bestehen aus ein bis zwei Silben. Da es jedoch nur etwa 1300 Silben gibt, wird jede Silbe auf zahlreiche, sehr verschiedene Begriffe verwendet. Daher bedient sich die chinesische Schrift einem morpho-syllabischen Mischsystem: Manche Zeichen verweisen auf den Sinn, andere auf die Aussprache eines Wortes.

HAS — WAS
TOUGH — DOUGH
FLOUR — TOUR
HEADER — READER

Gleiche Schreibweise bei unterschiedlicher Aussprache. Englischsprachige Leseanfänger müssen eine große Anzahl von Ausnahmen und kombinatorisch bedingten abweichenden Aussprachen lernen.

Englisch [AI] **RIDE MY HEIGHT**
Französisch [K] **COMME KIOSQUE KICK CHORAL OCCASION ACQUIS**
Deutsch **FALL VOGEL PHOTO**

Gleiche Klänge werden durch unterschiedliche Schreibweisen gebildet. Besonders im Englischen und Französischen sind die Abweichungen beträchtlich. Deutsch und Italienisch sind hingegen sehr transparente Sprachen, in denen die Aussprache fast immer mit der Schreibweise übereinstimmt.

Die Fehlerquote beim Lesen, die Kinder nach den ersten beiden Schuljahren aufweisen, hängt mit der Regelmäßigkeit ihrer Muttersprache bei der Umformung von Buchstaben in Laute zusammen.

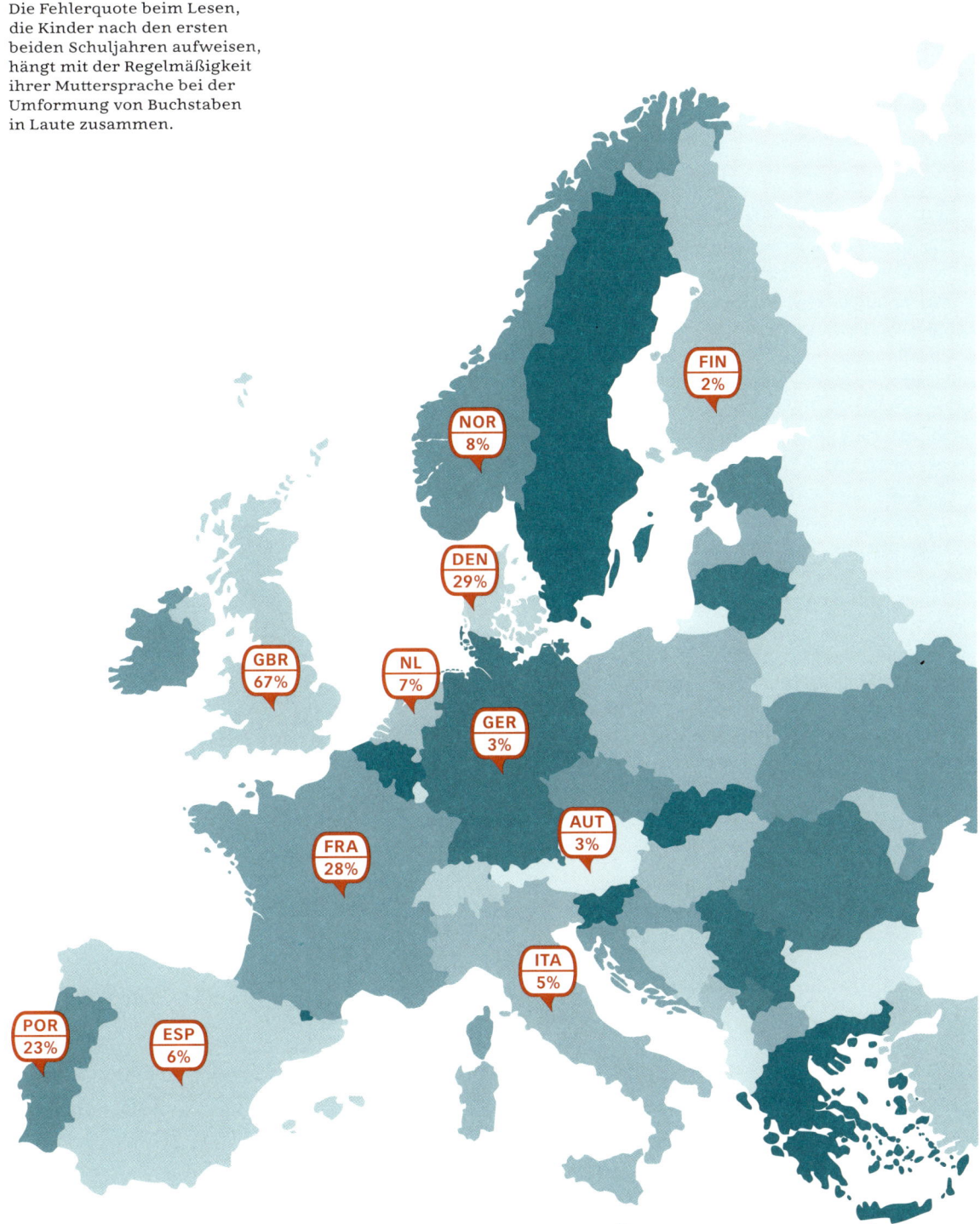

Wie wir uns täuschen

Trotz des enormen Leistungspotenzials ist unser Seh- und Verarbeitungssystem nicht unfehlbar. Optische Phänomene und Fehlinterpretationen sind Begleiterscheinungen, denen aber teils mithilfe einer bewussten Gestaltung entgegengewirkt werden kann.

VOLLAUTOMATISCHES LESEN. Das Gehirn eines geübten Lesers ist so auf das Erkennen von Buchstaben und deren Verarbeitung zu Wörtern und Bedeutungen konditioniert, dass dieser Vorgang auch ohne bewusste Aufmerksamkeit automatisch abläuft. So können wir nicht *nicht* lesen. Auch wenn wir versuchen, es zu unterdrücken, das Gehirn liest doch und zieht selbstständig seine Schlüsse aus den empfangenen Informationen. Der *Stroop-Effekt* (auch *Farbe-Wort-Interferenztest*) veranschaulicht dieses Phänomen eindrucksvoll (Übung auf der gegenüberliegenden Seite).

> Dieser vollautomatische Ablauf ist für den Lesevorgang sehr wichtig, da so der Leser seine Kapazitäten voll und ganz auf den Inhalt des Gelesenen konzentrieren kann. So bleiben ihm mehr Ressourcen zum Denken – ein elementarer Schritt in der Evolution des Lesens und Grundlage für die Entwicklung neuer Gedanken und Erfindungen. Damit der Leseprozess jedoch effizient ablaufen kann, ist es notwendig, dass die Buchstaben eine leicht zu verarbeitende Form annehmen.

Stroop-Effekt. Stimmen Farbname und Wortfarbe nicht überein, verzögert sich augenblicklich die Benennung, obwohl der Wortlaut während der Aufgabe gar nicht beachtet werden soll. Dieser Effekt veranschaulicht den hohen Grad der Automatisierung des Lesens. Wir können Schrift nicht sehen, ohne sie sofort zu verarbeiten, da das Gehirn unvermittelt alle gewonnenen Erkenntnisse samt ihrer Bedeutungen miteinander verknüpft: Formen, Buchstaben, Wörter, Farben, Schrifttypen, Schriftträger, ... Dieses Phänomen wurde bereits 1935 von John Ridley Stroop beschrieben.

FF Clan Compressed Black

ÜBUNG: TESTEN SIE DEN EINFLUSS IHRES GEHIRNS!

Benennen Sie so schnell wie möglich die jeweilige Druckfarbe der Wörter, sprechen Sie die Farbe dabei laut aus und ignorieren Sie die Bedeutung der geschriebenen Wörter.

BLAU GRÜN GELB ROT
ROT BLAU GRÜN GELB
GRÜN ROT BLAU GELB
GELB GRÜN BLAU ROT
BLAU GELB GRÜN ROT
GELB ROT BLAU GRÜN
DEARG GLAS GORM BUÍ

OPTISCHE TÄUSCHUNGEN. Das Gehirn interpretiert die Informationen der Netzhaut basierend auf den stetig neu eintreffenden Meldungen der Fotorezeptoren sowie bereits gesammelten Erfahrungen. Verbindungen werden geknüpft, Objekte in Relation zueinander gebracht, Erlerntes übertragen – und das alles in Bruchteilen von Sekunden. Fehlt für einen Teil des Bildes der Input (z. B. durch fehlende oder defekte Fotorezeptoren), ergänzt das Gehirn dieses Segment mithilfe des Sehfeldes des jeweils anderen Auges oder indem es vorhandene Strukturen augenblicklich selbstständig vervollständigt. Dabei kann es allerdings durchaus zu Fehlinterpretationen kommen, die allgemein als »optische Täuschungen« bekannt sind. Da allerdings nicht unsere Augen, sondern unser Gehirn für diese Illusionen verantwortlich ist, handelt es sich hierbei vielmehr um »Hirn-« bzw. »Wahrnehmungstäuschungen«.

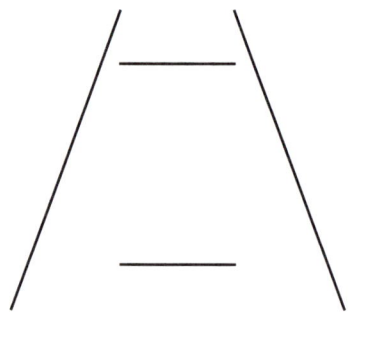

Welcher Querstrich wirkt länger?
(Ponzo-Täuschung)

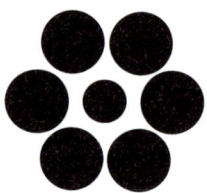

Welcher Mittelpunkt wirkt größer?
(Titchener-Täuschung)

Unser Wahrnehmungssystem setzt jedes visuell erfasste Objekt in ein Verhältnis zu seinen benachbarten Elementen. Da der Abstand des unteren Querstrichs zu den seitlichen Geraden größer ist, schlussfolgert es, dass der obere Strich länger sein muss. Tatsächlich sind beide Querbalken aber gleich lang. Auch ein Einfluss durch das räumliche Sehen wird bei diesem Phänomen vermutet, indem die Geraden auf einen gemeinsamen Fluchtpunkt zulaufen und der obere Balken kürzer sein müsste, da er weiter entfernt läge. Die gegenseitige Beeinflussung benachbarter Objekte ist vermutlich auch für die *Titchener-Täuschung* verantwortlich. Der *Kontrasttheorie* zufolge verstärkt unsere Wahrnehmung vorhandene Größenkontraste. Wird ein Objekt von großen Elementen umgeben, wird es als klein wahrgenommen. Umgekehrt erscheint es größer, wenn die Umgebungsobjekte klein sind. Einen anderen Ansatz stellt der *Effekt der Normalisierung* dar, wobei kleine Objekte vergrößert und große verkleinert werden. Die innenliegenden Kreise würden dabei »aus Versehen« mitskaliert.

ÜBUNG: TESTEN SIE IHR INTERPRETIERENDES GEHIRN!

Verdecken Sie Ihr rechtes Auge mit der Hand und lesen Sie mit geöffnetem linken Auge die Zahlenreihen von links nach rechts bzw. fokussieren Sie auf das orangefarbene Plus. Was passiert mit den Objekten links?

Diese drei Beispiele zeigen, wie das Gehirn bei fehlenden visuellen Informationen die umliegende Umgebung zur Interpretation nutzt: Im ersten Beispiel verschwindet irgendwann der schwarze Punkt im *Blinden Fleck* (→ Illustration, *S. 37*) und taucht kurz darauf wieder auf. Im zweiten Beispiel vervollständigt das Gehirn zum gleichen Zeitpunkt die Linien, sodass es die weiße Lücke schließt. Liegt beim dritten Beispiel das schwarze Kreuz im Blinden Fleck, füllt das Gehirn den Kreis mit der umgebenden Farbe aus. Für alle drei Versuche gilt: Wenn der gewünschte Effekt nicht eintritt, hilft es, den Abstand oder den Blickwinkel zu verändern.

Strichstärken. Unser Sehsystem nimmt Objekte je nach Ausrichtung im Raum unterschiedlich wahr. Vertikale Elemente werden im Gegensatz zu horizontalen grundsätzlich in ihrem Ausmaß überschätzt. Das könnte daran liegen, dass der Mensch sich seit jeher in erster Linie auf der horizontalen Ebene bewegt und daher hier Maße und Entfernungen besser einschätzen kann. Aus diesem Grund erscheint ein Rechteck erst quadratisch, wenn es etwas breiter als hoch gezeichnet wird – Gleiches gilt für einen Kreis. Diese Wahrnehmungstäuschung wirkt sich insbesondere auf die Wirkung von Strichstärken und -längen unter verschiedenen Winkeln sowie auf die scheinbare Größe von Weißräumen aus. Demzufolge sind bei der Gestaltung von Buchstaben einige optische Korrekturen notwendig, um die Zeichen hinsichtlich Proportionen und Strichstärke ausgeglichen erscheinen zu lassen.

Ein und derselbe Strich – drei unterschiedliche Wirkungen: Horizontale Striche wirken kürzer und durch die Stauchung fetter als vertikale. Diagonalen haben eine leicht fettere Erscheinung als Senkrechten. Diese Wahrnehmungstäuschungen sollten bei der Gestaltung von Buchstaben berücksichtigt werden, um ein einheitliches Bild zu schaffen.

Wie wir uns täuschen 83

Ein Querstrich mit gleichbleibender Strichstärke und Positionierung in der geometrischen Mitte wirkt zu kräftig und lässt die untere Punze kleiner als die obere erscheinen.

Die optisch korrigierte (leicht verjüngte) Strichstärke des Querstrichs wirkt nun ausgeglichen. Die untere Punze wirkt aber immer noch kleiner als die obere.

Nach optisch korrigierter Strichstärke und Position des Querstrichs wirkt das H nun ausgeglichen. (Die orangefarbene Outline zeigt das erste H.) Diese optischen Einflüsse betreffen auch zahlreiche weitere Buchstaben wie *A*, *E*, *F*, *L*, *T*, *a*, *e*, *g*, *t* …

Bei identischer Strichstärke wirkt die Diagonale etwas zu kräftig. Wie beim *H* erscheint auch hier die obere Punze durch das von oben hineinfallende Licht größer als die untere.

Die optisch korrigierte Strichstärke der Diagonalen wirkt nun ausgeglichen. Die Punzen sind aber noch nicht im Gleichgewicht.

Durch den Versatz der Stämme und leichte optische Korrekturen der Diagonalen wirken nun auch die Punzen ausgeglichen. (Die orangefarbene Outline zeigt das erste *N*.) Ähnliches gilt es auch bei anderen Lettern zu beachten, wie z. B. beim *K*, *M*, *W*, *X*, *Y*, *Z*.

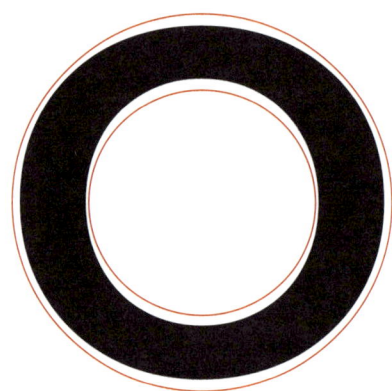

Geometrischer Kreis mit gleichbleibender Strichstärke.

Kreis mit optischem Ausgleich der Strichstärke, *O* der *Avenir Next Demi Bold*.

Monolineares *e* ohne optischen Ausgleich der Strichstärke.

e der *ITC Avant Garde Gothic Medium* mit optisch korrigierten Strichstärken.

Die unterschiedliche Wahrnehmung von Horizontalen und Vertikalen wirkt sich auch auf die Kreisform aus: Ein geometrischer, gleichmäßig konturierter Kreis erscheint nicht konstant in seiner Strichstärke, die waagerechten Partien wirken zu dick und der Kreis gestreckt. Damit ein Kreis tatsächlich rund und die Strichstärke einheitlich erscheint, ist es erforderlich, den Kreis etwas breiter als hoch sowie die horizontalen Elemente dünner als die vertikalen zu zeichnen. Wird ein Kreis mit einer waagerechten Geraden kombiniert, wie beim *e*, tritt dieser Effekt noch deutlicher hervor, da die nur sehr kurzen tatsächlich horizontalen Partien des Kreises weniger stark die Wirkung der Wahrnehmungstäuschung entfalten können als die wesentlich längere Gerade. Damit der Querbalken des *e* optisch gleichwertig zu der Strichstärke des Kreises anmutet, ist es also notwendig, ihn nochmal dünner als die bereits verjüngten horizontalen Elemente des Kreises zu zeichnen. Wie stark dieser Effekt auftritt, ist abhängig von der verwendeten Strichstärke und den jeweiligen Proportionen.

Wie wir uns täuschen

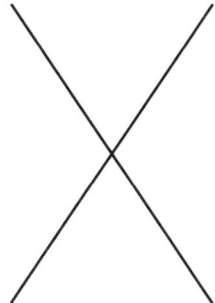

Beide Diagonalen kreuzen sich in der geometrischen Mitte – der Schnittpunkt wirkt jedoch zu tief.

Identische Weißräume ober- und unterhalb des Schnittpunkts erscheinen unterschiedlich groß.

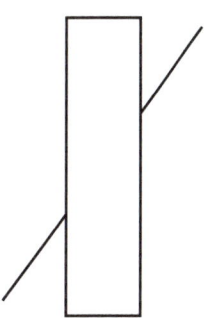

Die Gerade, die durch das weiße Rechteck getrennt wird, scheint nach oben versetzt *(Poggendorff-Figur)*.

Kreuzen sich die Mittelpunkte zweier konturierter Diagonalen (wie beim X), wirkt der Schnittpunkt zu tief gelegen und die obere rechte Diagonale nach links versetzt. Außerdem scheint die Strichstärke zur Mitte hin kräftiger zu werden – dafür sorgt die vermehrte Farbanhäufung.

Die Diagonalen wurden etwas weiter auseinandergeschoben, sodass der Schnittpunkt oberhalb der geometrischen Mitte liegt. Die Weißräume ober- und unterhalb erscheinen nun ausgeglichen – Strichstärke und Verschiebung allerdings noch nicht.

Optisch korrigiertes X: Der Schnittpunkt liegt oberhalb der geometrischen Mitte; die Diagonalen verjüngen sich zum Schnittpunkt hin, sodass die Strichstärke gleichbleibend erscheint; die obere rechte Diagonale wurde leicht nach unten versetzt. (Die orangefarbenen Linien verdeutlichen diese Korrektur.)

Größen. Die Form eines Objekts beeinflusst die Erscheinung seiner Größe. Stehen eine Gerade und eine Rundung auf derselben Grundlinie, scheint die Rundung zu hoch zu schweben. Da lediglich ihr Extrempunkt auf gleicher Höhe mit der Linie liegt und die Form selbst weitaus weniger Fläche einnimmt, entsteht ein farbliches Ungleichgewicht, sodass die Rundung höher zu stehen scheint. Noch extremer tritt diese Wahrnehmungstäuschung bei einem »leeren« Oval auf, da ihm gänzlich die Farbe als Gegengewicht fehlt. Dieselbe Wirkung aufgrund des farblichen Ungleichgewichts betrifft auch spitz zulaufende, diagonale Elemente. Hier werden die optischen Größen ausgeglichen, indem die Extrempunkte leicht zur entsprechenden Seite hin hinausgeschoben werden.

Alle Formen haben mathematisch identische Abmessungen in Höhe und Breite – die Erscheinung variiert aber deutlich: Das gefüllte Oval wirkt kleiner und schmaler als das Rechteck, das ungefüllte wirkt nochmals kleiner, das Dreieck scheint zu kurz und zu schmal zu sein.

Mit optisch angepassten Höhen und Breiten erscheinen nun alle Formen gleich groß und stehen auf derselben Grundlinie.

Die Anpassungen im Raster: Damit ein Oval so groß wie ein Rechteck wirkt, sollte es zu jeder Seite hin etwas vergrößert werden. Ein Dreieck erscheint optisch erst gleichwertig, wenn die untere Spitze über die Grundlinie hinausreicht und die seitlichen Spitzen etwas nach außen geschoben werden.

Abstände. Derselbe optische Effekt wie bei der Größenwirkung lässt sich auch bei Abständen zwischen den verschiedenen Grundformen beobachten. Besonders zwischen runden und diagonalen Formen ergeben sich viel größere Weißräume als zwischen zwei Geraden, wenn alle Formen mit demselben Abstand zueinander stehen. Sie sollten sich daher nicht auf mathematische Werte, sondern auf Ihr Auge verlassen, um die Weißräume harmonisch auszugleichen. Da Buchstaben auf diesen Grundformen aufbauen, werden Sie das beschriebene Phänomen bei der Zurichtung (→ *Zwischenräume, S. 136*) wiederfinden.

Das Oval steht im gleichen Abstand zum Rechteck, wie dieses zum Rechteck links daneben. Jedoch erzeugt die runde Form einen viel größeren Weißraum, sodass der Abstand zu groß erscheint. Noch extremer wird das zwischen Oval und Dreieck, da durch die Diagonale ein nochmals größerer Weißraum entsteht.

Ausgeglichene Abstände: Die Weißräume erscheinen nun zwischen allen Formen gleichwertig. Für die mathematischen Werte ergeben sich allerdings große Unterschiede: Der Wert zwischen Oval und Dreieck liegt nur noch bei knapp einem Viertel. Aus diesem Grund sollte immer das Auge und kein errechneter Wert die letzte Entscheidung bestimmen.

3

ENTWERFEN

Die Leserlichkeit einer Schrift entsteht durch die Gestaltung ihrer einzelnen Zeichen sowie deren harmonischem Zusammenspiel. Wesentliche Grundkriterien lassen sich dabei mit individuellen Designlösungen verfeinern, um das Lesen von Textschriften im Mengensatz zu erleichtern. Das Wissen um die Anforderungen für ein möglichst komfortables Lesen bildet dabei die Basis für die Gestaltungsparameter.

Eine große Familie — 90
Proportionen — 100
Strichstärke & Kontrast — 106
Form & Gegenform — 112
Formenkanon — 116
Leserliche Buchstaben — 118
    Verwechslungsgefahr
    Formgruppen
    Besser leserliche Buchstabenformen
    Serif oder Sans
    Designlösungen
Besondere Anpassungen — 128
    Optical Scaling
    Optimierung für kleine Punktgrößen
    Ink Traps
    Dwiggins M-Formel
Zwischenräume — 136
    Zurichtung
    Kerning
    Wortabstand

Eine große Familie

Damit eine Schrift ein harmonisches Gesamtbild formt, folgen alle Zeichen gemeinsamen Gestaltungsprinzipien und teilen individuelle Designmerkmale. Dabei bestehen zwischen den Zeichen engere oder entferntere Verwandtschaftsgrade.

MINUSKELN. Die Buchstaben *n, o* und *v* bilden die Basis des gemeinen Alphabets. Nach einer ersten Abstimmung von *n* und *o* aufeinander geben diese beiden eine Leitlinie für fast alle weiteren Kleinbuchstaben vor bezüglich Höhe und Breite, Strichstärke von Grund- und Haarstrichen, Neigungsgrad der Achse und Verlauf des Strichkontrastes sowie Serifenformen und Duktus. Für die Buchstaben mit Diagonalen werden anhand des *v* die entsprechenden Kriterien entwickelt.

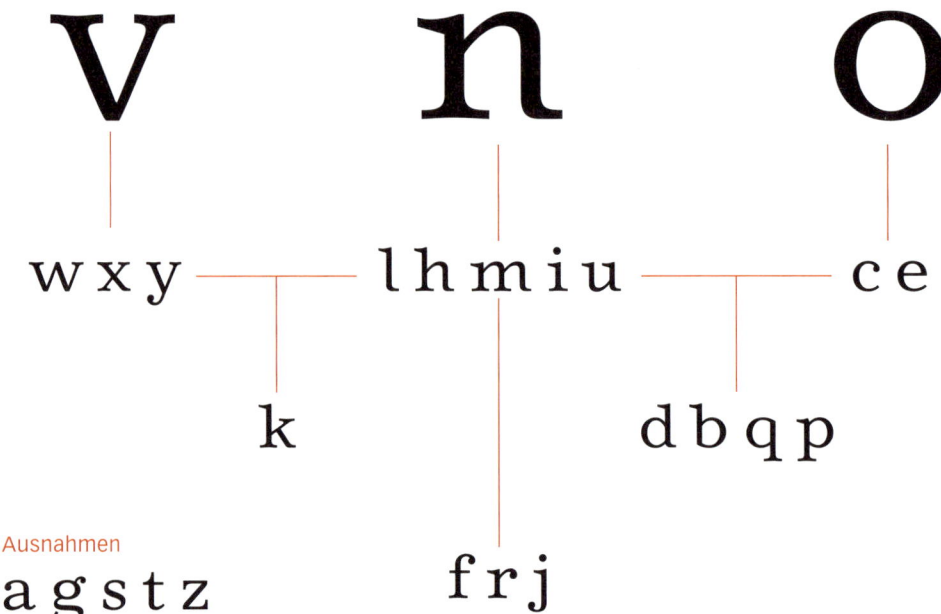

MAJUSKELN. Das versale Alphabet baut sich ebenfalls aus drei Grundbuchstaben auf. Hier geben *H, O* und *V* für alle weiteren Lettern die Basiskriterien vor: Strichstärken und Kontrast, Weite und Höhe, Achse sowie Formverlauf der Rundungen und Serifen. Die Beachtung der Verwandtschaftsgrade ist hilfreich, um eine einheitliche Formensprache zu finden und eine harmonierende Buchstabenfamilie zu schaffen.

Beide Alphabete haben sich während ihrer parallelen Entwicklung gegenseitig beeinflusst. So finden sich bei Majuskeln und Minuskeln zahlreiche Buchstaben, die sich in ihrer Konstruktion gar nicht oder nur unwesentlich voneinander unterscheiden: *c C, o O, s S, v V, w W, x X, z Z* sowie *i I, j J, k K, l L, p P, u U, y Y.* Betrachten Sie zudem die ausgeführte Schreibbewegung und nicht den letztendlich auf dem Papier sichtbaren Buchstaben, werden Sie auch eine Verwandtschaft zwischen den Lettern *t T* und *r R* feststellen.

Da der Großteil eines gesetzten Textes aus Minuskeln besteht, ist es sinnvoll diese zuerst zu gestalten, da Sie auf diese Weise schneller einen Eindruck vom entstehenden Schriftbild erhalten.

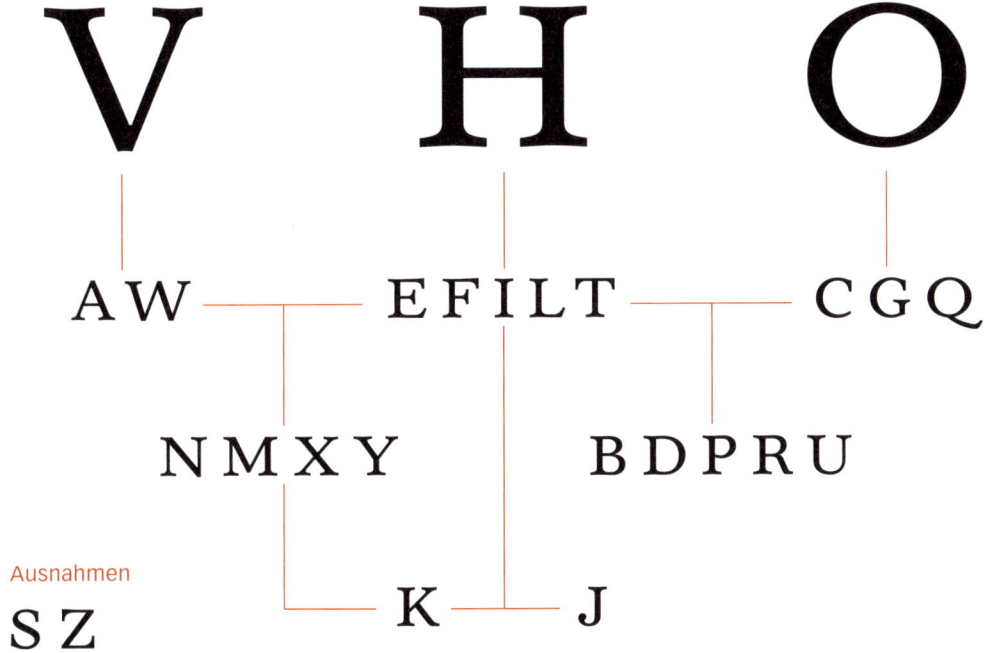

n-VERWANDTE. Das *n* ist einer der wegweisenden Buchstaben und sollte zu den ersten eines Schriftentwurfs zählen. Es gibt x-Höhe und Breite, Strichstärke und -kontrast, den Winkel, mit dem Bögen in den Stamm übergehen, eventuelle Schwellungen des Strichs sowie die Form von Anstrichen bzw. Kopfserifen und Endstrichen bzw. Fußserifen vor. Der Grauwert des *n* wird zunächst gemeinsam mit dem *o* abgestimmt. Anschließend werden seine Vorgaben auf weitere gemeine Buchstaben übertragen.

> Nach der Abstimmung von *n* und *o* bietet die n-Form eine Vorlage für sechs weitere Minuskeln, wobei insbesondere der linke Stamm von Bedeutung ist. Zunächst entsteht das *h,* indem der linke Schaft verlängert und damit gleichzeitig das Verhältnis von Mittel- und Oberlänge bestimmt wird. Aus dem Schaft des *h* lässt sich wiederum das *l* ableiten und eine doppelte *n*-Form fügt sich zu einem *m* zusammen. Jeder Buchstabe benötigt dabei eine individuelle Nachjustierung. Zum Beispiel könnten die Bögen des *m* etwas enger gezeichnet werden, um es in der Weite zu beschränken, oder das *l* benötigt möglicherweise mehr Gewicht am Fuß, um sicher zu stehen. Und durch die unterschiedlichen Längen der Stämme können die Strichstärken von *h* und *n* unterschiedlich erscheinen (→ *Horizontale Proportionen,* S. 104).

Weiter lässt sich das *u* anfertigen, indem das *n* auf den Kopf gestellt und die Serifen entsprechend angepasst werden. Gelegentlich kann dabei das *u* heller und breiter als das *n* erscheinen, da durch die obere Öffnung mehr Weiß hineinfällt, weshalb Sie es in diesem Fall etwas schmaler zeichnen sollten. Des Weiteren basieren sowohl *f* und *r* als auch das *i* auf dem n-Stamm, und aus dem *i* geht wiederum das *j* hervor. Diese Lettern können leichte optische Anpassungen benötigen: Der i-Punkt einer Serifenschrift sollte leicht links von der Stammmitte gesetzt werden, da die Kopfserife die optische Mitte verschiebt. Der Bogen des *r* sollte hingegen verengt werden, da ansonsten zum folgenden Buchstaben ein zu großer Weißraum entsteht, der den Schwarz-Weiß-Rhythmus stört.

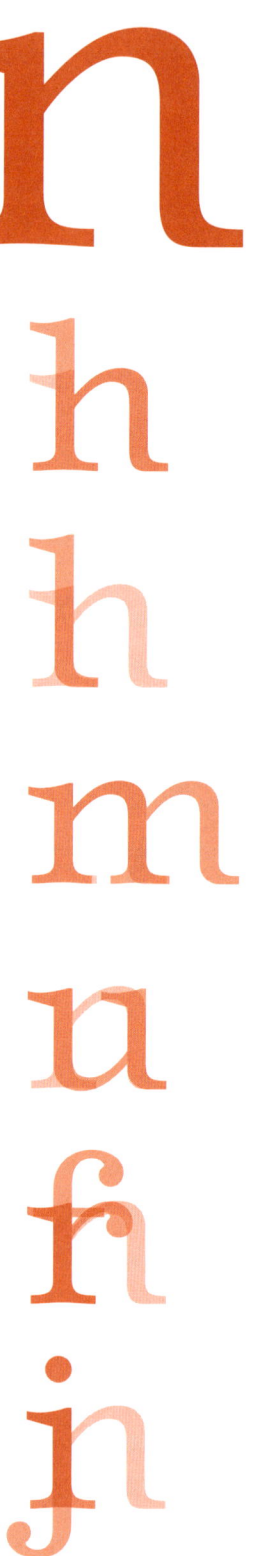

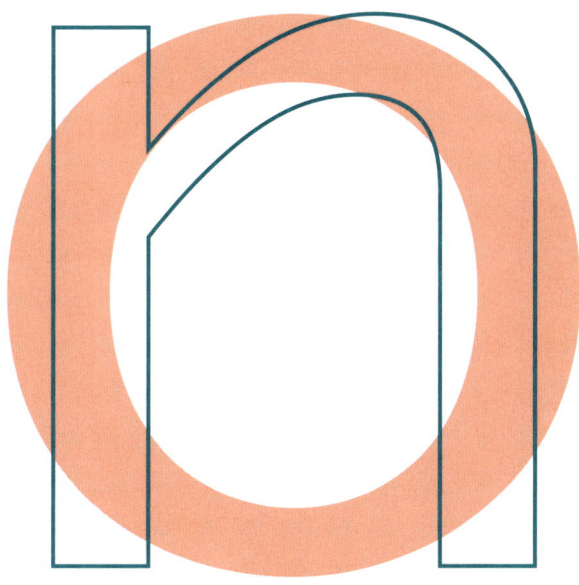

Der erste Schritt eines Schriftentwurfs ist die Abstimmung
von *n* und *o* aufeinander.
Sie sind maßgebend für alle
folgenden Minuskeln.

Legilux Caption
Legilux Sans

O-KINDER. Das *o* stellt die Basis für alle Rundungen der Minuskeln. Es gibt Höhe, Breite, Strichstärke und -kontrast, Achse sowie Formverlauf vor. Aus ihm gehen direkt *c* und *e* hervor. Besonders bei diesen drei Lettern sollten Sie auf eindeutige Unterscheidungsmerkmale achten, da sich ihre Grundformen sehr ähneln. Ein weit geführter, schließender Endstrich von *c* oder *e* gleicht leicht einem *o,* wenn der Querstrich des *e* nicht erkennbar sein sollte.

Für eine gute Leserlichkeit sind offene Formen von Vorteil, sodass die Punze des *o* genügend Weißraum erhält. Die Punzen des *e* sollten durch einen nicht zu hoch gelegenen Querstrich und einen nicht zu geschlossenen Bogen möglichst ausgeglichen und offen sein – das kann auch durch einen schräg gestellten Querstrich erzielt werden. Allerdings ist diese Form relativ ungewohnt für die meisten Leser, sodass der Lesefluss gehemmt werden könnte. Der Querstrich sollte außerdem nicht zu dünn ausfallen, um auch unter schlechten Sicht- oder Druckbedingungen eindeutig erkennbar zu bleiben.

Das *c* kann heller als die restlichen Zeichen erscheinen, da durch eine große seitliche Öffnung viel Licht einfällt. Aus diesem Grund wird es meistens etwas schmaler als das *o* gezeichnet – das ist aber erst im Zusammenspiel mit den anderen Lettern feststellbar. Je nach Kontrastart (→ *Achse, S. 13*) kann die obere Rundung mit einem Tropfen, einer Serife oder einem mehr oder weniger deutlichen Strichauslauf abschließen. Der Auslauf des unteren Bogens variiert von Schrift zu Schrift. Unabhängig von der Form sollte er aber nie stärker als die maximale Strichstärke des Bogens und des oberen Strichendes sein.

Eine große Familie 95

Gute Differenzierung durch Tropfen, leicht erhöht platzierten Querstrich und deutliche Öffnungen.

Legilux Caption

Eindeutiger Unterschied durch senkrecht geschnittenes *c*, leicht erhöhter Querstrich gleicht Punzen aus.

Futura

Erschwerte Unterscheidung durch extrem dünnen Querstrich und sehr geschlossene Formen.

Bauer Bodoni EF

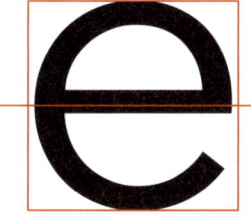

Beim gemeinen *e* sollte der Querstrich leicht über der geometrischen Mitte liegen.

Avenir Next

Ein *e* mit sehr hoch gelegenem Querstrich wird häufiger mit einem *c* verwechselt, da das Auge zu klein ist.

Garamond Premier Pro

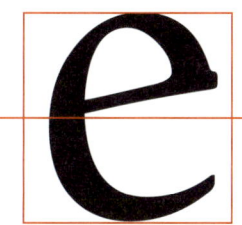

Ein schräger Querstrich ermöglicht ein großes Auge bei gleichzeitig geöffneter unterer Punze.

ITC Legacy Serif

n-O-GEFÄHRTEN. Aus *n* und *o* lässt sich eine weitere Buchstabengruppe formen: *b, d, p* und *q*. Ihre Mitglieder übernehmen den Stamm und die Serifenformen des *n* sowie den Verlauf der Rundungen des *o*. Dabei erhält jeder Buchstabe seine eigenen Züge. Diese Differenzierung ist besonders für Leseanfänger oder Leser mit einer Lese-Rechtschreib-Schwäche sehr wichtig, da von ihnen Buchstaben häufig spiegelverkehrt zugeordnet werden.

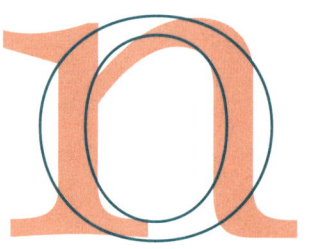

Serifenschriften, die dem humanistischen Formprinzip folgen, wie die Renaissance- und Barock-Antiqua, bieten bei diesen sehr ähnlichen Lettern wesentlich mehr Unterscheidungsmerkmale als statische Schriften, wie die Klassizistische Antiqua oder die geometrische Grotesk (→ *Illustration, S. 123*). Zum einen hilft die unterschiedliche Gestaltung von Kopf- und Fußserifen, zum anderen entstehen dank der mehr oder weniger stark geneigten Achse unverwechselbare Formen. Auch Serifenlose, die diesem dynamischen Formprinzip folgen, bieten gute, wenn auch durch den niedrigeren Strichstärkenkontrast subtilere Unterscheidungsmerkmale.

Eine letzte Gruppe bildet sich schließlich um das *v*. Nachdem es ebenfalls vorab in der Kombination mit *n* und *o* ausgelotet wurde, gibt es Richtwerte für Strichstärke, Strichstärkenkontrast sowie Winkel und Übergange der Diagonalen von *w, y* und *x* vor.

Die restlichen Minuskeln *(a, g, k, s, t, z)* gehören zwar keiner Formengruppe an, halten sich aber durchweg an die festgelegten Proportionen, Strichstärken, Winkel, Achsen und charakteristischen Formdetails. Sie sollten während des gesamten Gestaltungsprozesses immer wieder alle Buchstaben miteinander abgleichen, um ein harmonisches Gesamtbild zu erhalten.

Eine große Familie 97

Geometrische Serifenlose
Futura

Humanistische Serifenlose
Fedra Sans Std

Klassizistische Antiqua
Didot LT Pro

Renaissance-Antiqua
Adobe Jenson

Barock-Antiqua
Legilux Caption

● horizontal gespiegelte Buchstabenformen
● korrekt ausgerichtete Buchstabenformen

Die horizontal gespiegelten Formen liegen hier türkis im Hintergrund. Es wird deutlich, dass dynamisch konzipierte Schriften die Buchstabenformen viel deutlicher differenzieren als statische, deren Formen sich in der horizontalen Spiegelung kaum bis gar nicht voneinander unterscheiden lassen.

H-GESCHWISTER. Die Majuskeln werden nach dem gleichen Schema wie die Minuskeln entworfen: Hier bildet das *H* die Basis. Es gibt Versalhöhe, Breite, Strichstärke und -kontrast sowie Serifenformen vor. Zunächst werden *H* und *O* aufeinander abgestimmt, sodass ihre Proportionen und Strichstärken einen einheitlichen Grauwert bilden. Anschließend wird ein Großteil der Versalien vom *H* abgeleitet. Aus ihm gehen auf direktem Weg *E, F, L, I, J* sowie *T* hervor. Aber wie immer gilt auch hier: Alle Buchstaben sollten nach der Grundkonstruktion individuell nachgebessert werden. Bei Serifenschriften mit Strichstärkenkontrast sorgen die Ausgleichsserifen von *E, F* und *T* (ebenfalls bei den Lettern *C, G, S* sowie *A, V* und *W*) dafür, dass die dünnen Arme (bzw. Bögen, Diagonalen) nicht ins Leere laufen und somit schlecht oder gar nicht wahrgenommen werden. Im Entwurfsprozess liefert das *H* außerdem Anhaltspunkte für Grauwert, Proportionen, Duktus und Serifenformen zahlreicher weiterer Versalien.

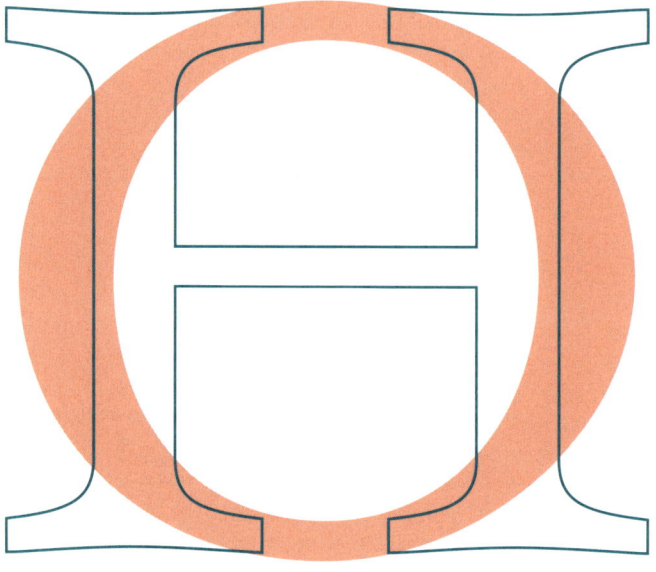

O-ABKÖMMLINGE. Auch bei den Majuskeln spielt das *O* die zentrale Rolle für die Formgebung der Rundungen. Aus ihm gehen direkt *C, G* und *Q* hervor. Das *C* und das *G* sollten aufgrund der seitlichen Öffnung unter Umständen etwas schmaler gezeichnet werden, da das von außen eindringende Weiß den Zeichen ihre Farbe nehmen kann. Aus der Kombination von *H* und *O* werden weitere vier Buchstaben gebildet: *D, B, P* und *R*. Alle Rundungen einer Schrift sollten einen gemeinsamen Form- und Strichstärkeverlauf verfolgen, da diese Einheitlichkeit für eine stimmige Gesamterscheinung sehr wichtig ist.

Proportionen

Einer der ersten Schritte eines Schriftentwurfs ist die Festlegung der Proportionen. Das Verhältnis von Ober-, Mittel- und Unterlängen zur Breite der einzelnen Zeichen nimmt entscheidenden Einfluss auf die Leserlichkeit und Wirkung einer Schrift.

Proportionen sind das Herzstück einer Schrift. Sie verleihen dem Entwurf bereits ohne besondere Formmerkmale eine gewisse Anmutung, beeinflussen gemeinsam mit Strichstärke und Strichkontrast (→ S. 106) die Farbe der Zeichen und bestimmen maßgeblich über die Leserlichkeit einer Schrift. Die vertikalen Proportionen zwischen Ober-, Mittel- und Unterlängen sind dabei genauso bedeutend wie die horizontalen Abmessungen.

Für Textschriften haben sich über viele Jahrhunderte grundlegende Proportionen entwickelt, die die Leserlichkeit begünstigen. Damit eine Schrift auch in kleineren Punktgrößen gut zu lesen ist, ist eine großzügige Mittellänge *(x-Höhe),* gepaart mit einer stabilen Zeichenbreite eines der wichtigsten Gestaltungskriterien. Da ein Großteil der Minuskeln ihre relevanten Unterscheidungsmerkmale in der oberen Hälfte der Mittellänge aufweist, wird durch ihre vergrößerte Darstellung die Leserlichkeit gefördert. Aber auch der Einfluss von Ober- und Unterlängen ist nicht zu unterschätzen. Durch ihre Abmessungen wird das Schriftbild entscheidend geprägt.

Der Schriftgestalter Hermann Zapf unternahm bei der Entwicklung seiner *Edison* einen Lesetest, indem er verschiedene Schriften beim Druck mit wenig Tinte auf Zeitungspapier verglich. Die Schriften mit einer vergrößerten x-Höhe schnitten am besten ab.

Auf welche Weise genau sich die vertikalen und horizontalen Proportionen auf die Erscheinung einer Schrift auswirken, können Sie am nebenstehenden Beispiel beobachten. Alle Varianten wurden aus demselben Grundschriftzug (erste Zeile) abgeleitet, sodass keine individuellen Formunterschiede den Vergleich beeinflussen. Obwohl alle Beispiele dieselben Strichstärken verwenden, ergeben sich durch den zusätzlichen bzw. reduzierten Weißraum in den Buchstaben sehr unterschiedliche Farbwirkungen.

Ausgeglichene Proportionen
sind eines der wesentlichen Gestaltungsmerkmale einer gut leserlichen Textschrift und ergeben sich aus ausgewogenen Buchstabenformen, einer großzügigen x-Höhe und ausreichend bemessenem Platz für Ober- und Unterlängen.

Kurze Ober- & Unterlängen
erschweren die Buchstabendifferenzierung, da die entscheidenden Merkmale kaum mehr auszumachen sind, sodass ein *h* schnell als *n* gelesen wird. Auch können *i* und *j* durch den viel zu geringen Abstand zwischen Punkt und Stamm als *l* gedeutet werden. Die verkürzten Stämme bewirken außerdem eine dunklere Wirkung der Strichstärke.

Lange Ober- & Unterlängen
können die Lettern durch die langgezogenen Stämme aus dem Gleichgewicht bringen. Zusätzlich wird ein extrem großer Zeilenabstand benötigt, damit sich Ober- und Unterlängen nicht in die Quere kommen. Ein Fließtext würde viel zu luftig und obendrein unökonomisch. Die langgestreckten Stämme lassen die Strichstärke heller erscheinen.

Schmale Buchstaben
verkleinern den Weißraum innerhalb und zwischen den Buchstaben so stark, dass einerseits die Strichstärke wesentlich dunkler erscheint, andererseits die Serifen ineinanderlaufen können und der j-Stamm mit dem Tropfen am Ende des Bogens zu verschmelzen droht.

Breite Buchstaben
erschweren dem Auge das effektive Lesen, da durch die horizontale Ausdehnung weniger Buchstaben pro Fixation wahrgenommen werden können. Mehr Augensprünge werden nötig, sodass sich der Lesefluss deutlich verlangsamt. Die Strichstärke wirkt durch den vermehrten Weißraum innerhalb der Zeichen dünner.

VERTIKALE PROPORTIONEN beschreiben die Verhältnisse von Ober- und Unterlängen zur Mittellänge. Für eine Textschrift sollte die x-Höhe die größte Einheit bilden, da sich in ihrem oberen Bereich die wichtigsten Merkmale zur Buchstabenerkennung befinden. Zudem wird die Leserlichkeit gefördert, indem das Schriftbild größer erscheint, weil sich die Mehrzahl der Zeichen eines Textes auf dieser Ebene befindet (→ *Wahre Schriftgrößen, S. 150*). Ober- und Unterlängen sollten aber dennoch nicht zu kurz ausfallen und deutlich sichtbar sein. Dabei können die Unterlängen etwas kürzer gehalten werden als die Oberlängen, da nur eine geringe Anzahl der Buchstaben, die außerdem eher selten vorkommen, von ihnen betroffen sind und diese auch mit verkürzter Unterlänge eindeutig erkennbar bleiben *(g, j, p, q, y)*.

1
2
1

hampurgefont

Bei der *Legilux Caption* entspricht die x-Höhe der doppelten Oberlänge und die Unterlänge ist minimal kürzer als die Oberlänge. Dieses Proportionsverhältnis eignet sich sehr gut für längere Texte in kleinen Punktgrößen, da die großzügige x-Höhe die zur Buchstabenerkennung wichtigen Elemente groß und deutlich abbildet und durch die gekürzten Unterlängen obendrein Platz gespart wird.

Walter Tracy (1914–1995) befürwortete ein Proportions-Modell, bei dem die Mittellänge zur Oberlänge im Verhältnis von 6:10 steht. Ihm zufolge ist es wichtiger, die Oberlängen *(b, d, h, k, l)* lang zu halten, als die Unterlängen *(g, j, p, q, y)*. Allerdings sollte die x-Höhe nicht zu groß sein, da ansonsten zum einen die Ober- und Unterlängen verschwinden, zum anderen die Individualität der Buchstaben reduziert wird.

Adobe Caslon Pro Regular

Pierre Simon Fournier (1712–1768) empfahl in seinem »Manuel Typographique« von 1764 eine x-Höhe von 3 Units (ca. 43%) sowie Ober- und Unterlängen von jeweils 2 Units.

Fournier MT Regular

Sumner Stone (*1945) hingegen vertritt die Ansicht, dass eine relativ niedrige x-Höhe zusammen mit ausgeprägten Oberlängen die Lesbarkeit unterstützt, da so Eindeutigkeit und Umrisse der Wörter betont werden.

Koch Antiqua Regular

Auf Basis der Feststellung, dass Buchstaben leichter anhand ihrer oberen Partien identifiziert werden, machte der Schrift-Historiker Harry Carter (1901–1982) einen Lösungsvorschlag, bei dem die Unterlängen kurz und die Oberlängen lang ausfallen.

Cochin Regular

HORIZONTALE PROPORTIONEN bestimmen die Weite der Buchstaben und sind daher entscheidend für die Leserlichkeit einer Schrift. Zusammen mit der Strichstärke definieren sie die Größe der Buchstabeninnenräume. Es gilt, einen Rhythmus aus schwarzen und weißen Elementen zu finden – den Stämmen, Innen- und Zwischenräumen. Aus ihrem Takt ergibt sich der Grauwert einer Schrift: je schmaler die Zeichen, desto geringer der Weißraum, desto dunkler das Schriftbild. Diese Gleichung wird natürlich auch von der Strichstärke stark beeinflusst. Da das Auge je nach Betrachtungsabstand nur eine begrenzte Anzahl von Strichen auseinanderhalten kann, sollten die Proportionen für kleine Schriftgrade großzügiger ausfallen, sodass sich die Striche (Stämme) besser voneinander trennen. Das betrifft die Größe der Innenräume gleichermaßen wie die Buchstabenabstände.

Länge und Abstand der Striche beeinflussen ihre Farbwirkung. Trotz identischer Strichstärke wirken kurze Striche dicker als lange. Bei geringem Abstand erscheinen die Parallelen deutlich dunkler als bei größerem Abstand. Dort überstrahlt das innenliegende Weiß einen Teil der Striche (→ *Lichtbrechung, S. 38*). Daher scheinen bei gleicher Strichstärke schmale Buchstaben dunkler als breite. Genauso strecken lange Oberlängen und lassen die Stämme heller wirken.

Da das Auflösungsvermögen unseres Auges begrenzt ist, kann es parallele Striche nur bei ausreichendem Abstand auseinanderhalten. Ist dieser zu gering, nehmen wir nur noch eine graue Fläche wahr.

15, 30 und 60 Striche auf 1 cm².

Proportionen 105

5,5 Strichstärken

1 Strichstärke | 1 Strichstärke | 3 Strichstärken Innenraum | 1 Strichstärke | 1 Strichstärke

Nach Adrian Frutiger ergibt sich eine Balance aus Schwarz und Weiß, wenn die x-Höhe 5,5 Strichstärken hoch ist, der Innenraum drei Strichstärken beträgt und seitlich der Stämme jeweils eine Grundstrichbreite hinzugefügt wird. Mit diesen Proportionen erhält man einen der Lesbarkeit dienenden Grauwert, der aus 2/7 Schwarz und 5/7 Weiß besteht – der Schwarzanteil liegt also knapp unter 30%. Die *Legilux* kommt diesem Modell mit einem Anteil von 36,9% Schwarz recht nahe, die meisten Textschriften sind allerdings etwas schmaler gezeichnet.

Strichstärke & Kontrast

Die Strichstärke und ihr Kontrastverlauf bestimmen in Kombination mit den Proportionen den Grauwert einer Schrift. Das Verhältnis von schwarzen Buchstabenbildern zu weißen Innen- und Zwischenräumen ist wesentlich für die Leserlichkeit.

DIE STRICHSTÄRKE des Grundstrichs ist die Basis einer Schrift und entscheidet über den Grauwert eines gesetzten Textes. Im Zusammenspiel mit den vertikalen und horizontalen Proportionen ergeben sich dabei für dieselbe Strichstärke sehr unteschiedliche Wirkungen (→ *Proportionen, S. 100*). Denn die Erscheinung der Strichstärke wird maßgeblich von der Länge des Strichs und dem umliegenden Weiß beeinflusst. Eine schmale Schrift wirkt bei identischem Grundstrich wesentlich dunkler als eine mit weiten, offenen Formen, da das Weiß in und um die Buchstaben das gedruckte Schwarz zum Teil kompensiert (→ *Lichtbrechung, S. 38*). Dabei beeinflusst auch die Stärke der Horizontalen (auch der Serifen) den Grauwert einer Schrift.

Aufgrund dieses optischen Effekts sollten Versalien einen etwas kräftigeren Grundstrich als die Gemeinen erhalten, um in der Strichstärke gleichwertig zu erscheinen.

> Für eine funktionale Textschrift ist es erforderlich, die Balance zwischen Schwarz und Weiß zu finden. Durch sie wird ein Text zu einer ebenmäßigen, zum Lesen einladenden Struktur, auf der nichts die Aufmerksamkeit des Auges auf sich zieht und so vom Lesen ablenkt. Ist der Grundstrich zu kräftig, werden die Weißräume in und um die Buchstaben zu klein, sodass das Satzbild zu dunkel und unfreundlich erscheint – der Leser kann da sehr empfindlich reagieren. Außerdem besteht besonders beim Druck die Gefahr, dass die Buchstabenkonturen durch zu viel Farbe oder eine offene Papierstruktur verschwimmen, sodass die Leserlichkeit durch die diffusen Letternformen leidet.

Gleichermaßen beeinträchtigt eine zu magere Strichstärke die Leserlichkeit, indem die Buchstaben durch das umliegende Weiß überstrahlt werden, sodass sie noch schwacher erscheinen und das Lesen mehr Anstrengung kostet. Folgenschwer wird es, wenn zu feine Linien durch beispielsweise schlechten Druck wegbrechen, sodass die Schrift unleserlich wird. Aus einem *e* ohne Querstrich wird leicht ein *c*, auch *n* und *u* unterscheiden sich allein durch die Höhe der horizontalen Verbindung.

Beachten Sie, dass die Wirkung der Strichstärke von der dargestellten Größe abhängig ist. Ein funktionaler Grundstrich in 12 Pt ist für 8 Pt möglicherweise zu mager (→ *Optical Scaling, S. 128*).

Strichstärke & Kontrast 107

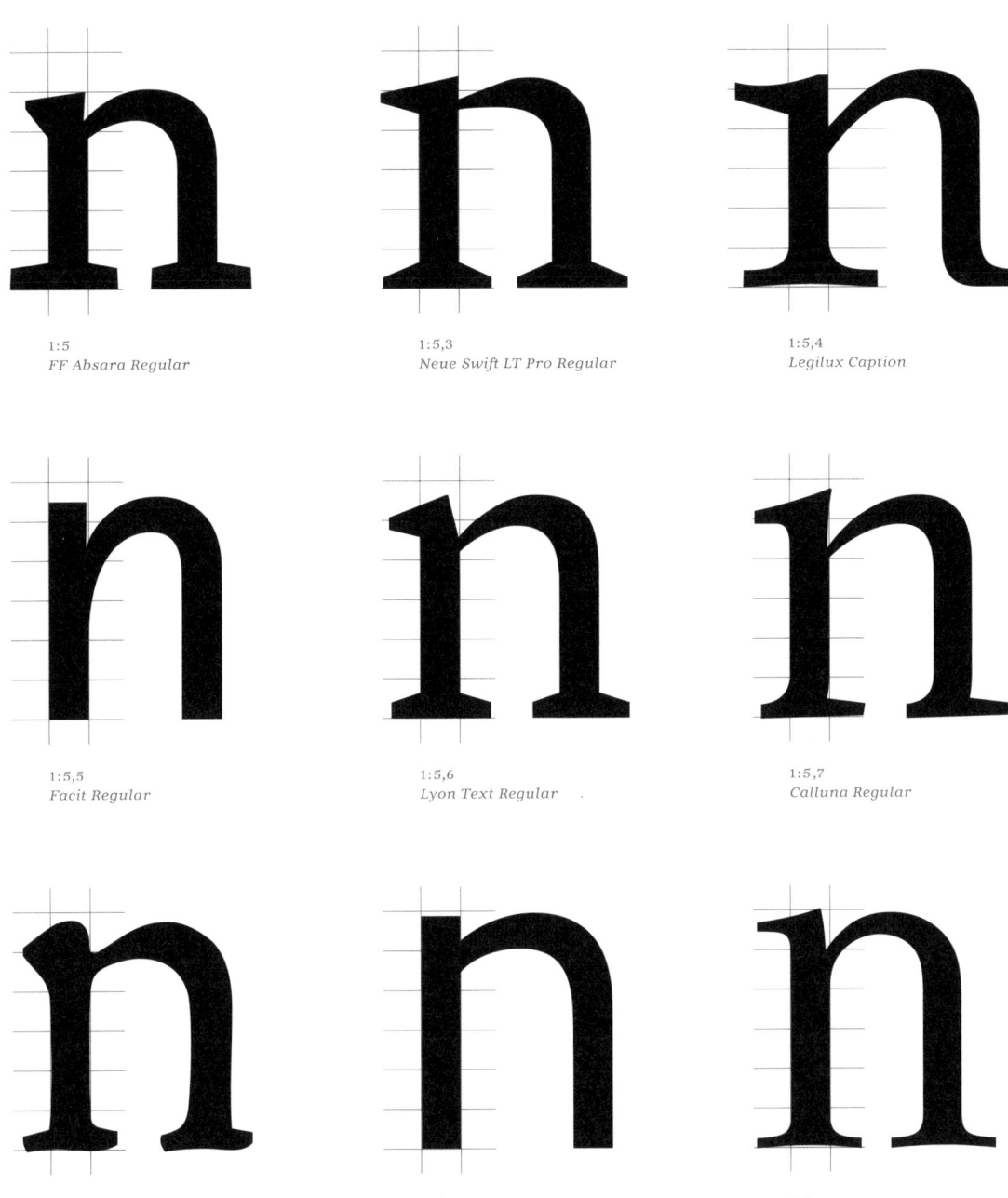

1:5
FF Absara Regular

1:5,3
Neue Swift LT Pro Regular

1:5,4
Legilux Caption

1:5,5
Facit Regular

1:5,6
Lyon Text Regular

1:5,7
Calluna Regular

1:5,8
Eldorado Text Roman

1:5,9
DTL Documenta Sans TOT Regular

1:6
Corporate A Regular

Der Grundstrich von Textschriften liegt im Allgemeinen zwischen einem Fünftel und einem Sechstel der Mittellänge.

Im Verhältnis von 1:5. Das Strichstärken-Verhältnis von 1:5 wird bei Schriften für kleine Größen oder weite Entfernungen (→ *Konsultations-, Signalisationstext, S. 24*) angewendet – also an der Untergrenze unserer Wahrnehmung. Daher findet es auch in der Wissenschaft Anwendung.

Um die Sehstärke von Patienten zu messen, entwickelte 1862 der niederländische Augenarzt Herman Snellen Testtafeln mit Mustern und Buchstaben. Für die Lettern erarbeitete er ein Proportionsmodell, bei dem der Grundstrich die Basiseinheit bildet und die Größe der Öffnungen sowie die Länge der Serifen immer der Strichstärke entspricht. Diese Zeichen werden in Zeilen untereinander gezeigt, wobei die Schriftgröße von oben nach unten abnimmt.

Das Nichterkennen der Öffnungen und damit die Unfähigkeit, zwei Striche getrennt wahrnehmen zu können, zeigt die Grenze der Sehfähigkeit an. Die von Snellen entwickelten Zeichen *(sog. Optotypen)* werden noch heute für Sehtests verwendet.

Optotypen und *E-Haken* des niederländischen Augenarztes Herman Snellen.

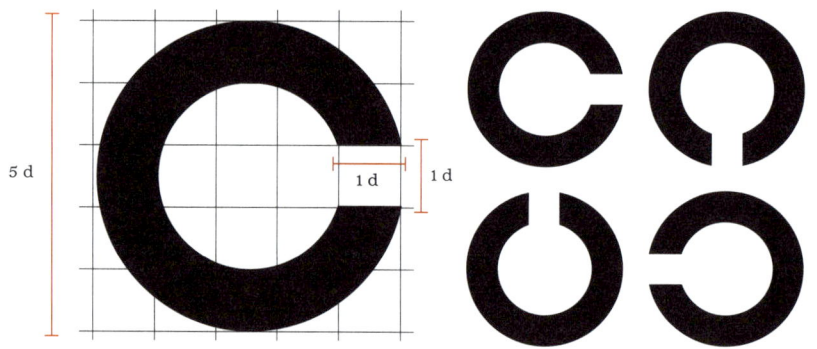

Landolt-Ringe

Die *Landolt-Ringe* sind ein weiteres Schema, um die Sehfähigkeit zu testen. Der Vorteil dieses Modells liegt darin, dass ein musterunabhängigeres Ergebnis erzielt wird, da lediglich die Öffnung des Kreises variiert. Außerdem kann so auch das Sehvermögen von Kleinkindern oder Lesern eines anderen Schriftsystems (wie Arabisch, Griechisch oder Kyrillisch) ermittelt werden.

hampurgefont

Die *DIN Mittelschrift* basiert wie die *Optotypen* und *Landolt-Ringe* auf einem Raster, bei dem die Zeichen fünfmal so hoch sind wie der Grundstrich breit. Bei ihrer Entwicklung (1920er) wurden auch die wissenschaftlichen Erkenntnisse der Optiker berücksichtigt.

DIN 1451 Mittelschrift

STRICHSTÄRKENKONTRAST bezeichnet die maximale Differenz der Strichstärken innerhalb eines Zeichens und verläuft entlang der Achse. Je nach Neigungsgrad ergibt sich ein weicherer oder härterer Kontrast der Strichstärken von Auf- und Abstrichen, Grund- und Haarstrichen sowie in den Rundungen. Verlauf und Ausprägung werden dabei durch das Formprinzip bestimmt, auf dem eine Schrift aufbaut. Dies kann konstruiert oder einem Schreibwerkzeug nachempfunden sein.

> Zum Beispiel beruhen Renaissance-Antiqua-Schriften auf dem Schreiben mit der Wechselzugfeder, die in einem natürlich schrägen Winkel (30 – 45°) gehalten wird. Es ergibt sich eine leicht nach links geneigte Achse, sodass die Buchstaben eine lebendige Form erhalten. Dieses *humanistische Formprinzip* bildet eine wesentliche Stütze der Buchstabendifferenzierung (→ *Illustration, S. 123*). Zudem wirkt der moderate Strichkontrast auf das Auge angenehm und fördert die Leserlichkeit.

Klassizistische Antiqua-Schriften hingegen zeichnen sich durch eine aufrechte Achse aus, die durch einen sehr hohen Strichkontrast die Senkrechte stark betonen. Diese Gestaltung ist tendenziell schlechter leserlich, da der hohe Kontrast das Auge Anstrengung kostet und in längeren Passagen für ein Flimmern des Textes sorgen kann, wodurch die Lesbarkeit stark beeinträchtigt wird. Hinzu kommt, dass die feinen Haarlinien und Serifen durch Überstrahlung eines weißen Hintergrundes oder schlechten Druck leicht wegbrechen können. Die verbleibenden Elemente ähneln sich dann so stark, dass eine Differenzierung der Lettern nicht mehr möglich ist.

> Bei der Festlegung des Strichkontrastes sollten Sie unbedingt die Effekte unserer optisch täuschenden Wahrnehmung beachten: Horizontalen wirken schwerer als Vertikalen (→ *Optische Täuschungen, S. 80*). Daher benötigt auch eine lineare Serifenlose einen subtilen Strichkontrast, um in der Wahrnehmung eine einheitliche Strichstärke zu erreichen. Horizontale Elemente, bei Geraden und Rundungen gleichermaßen, sollten daher etwas dünner gezeichnet werden – Gleiches gilt für Aufstriche.

Avenir Next

Adobe Jenson

Palatino nova

Questa Grande

Strichstärke & Kontrast 111

momentum
Adobe Jenson

momentum
Didot LT Pro

momentum
Adobe Jenson

momentum
Didot LT Pro

Vergleich der unterschiedlichen Formprinzipien der venezianischen Renaissance-Antiqua *(Adobe Jenson)* und der klassizistischen Antiqua *(Didot LT Pro)*. Die *Didot* betont durch ihre aufrechte Achse und den hohen Strichkontrast stark die Senkrechte und die sehr feinen Haarlinien laufen Gefahr zu verschwinden. Das kann leicht durch schlechten Druck oder sehr weiße, überstrahlende Papiere passieren. Die unterste Zeile zeigt das Ergebnis eines solchen Falls: Die Lettern sind kaum mehr zu unterscheiden. Diese Dominanz der Vertikalen wird auch als *Lattenzaun-Effekt* bezeichnet. Hingegen bleibt die *Jenson* vor diesem Effekt bewahrt, da ihre Haarstriche robuster sind und durch die geneigte Achse die Buchstaben trotz kleiner, fehlender Elemente gut erkennbar bleiben.

Form & Gegenform

Die negativen Innenformen von Buchstaben sowie die Weißräume zwischen ihnen spielen eine zentrale Rolle bei der Wahrnehmung von Schrift und nehmen sogar auf die optische Erscheinung von Strichstärken und Proportionen Einfluss.

Da das Auge nur Licht wahrnimmt, sehen wir im Grunde genommen nicht den schwarz gedruckten Buchstaben, sondern den Weißraum, den das Zeichen in und um sich formt. Form und Gegenform sollten daher beim Entwurf ständig aufeinander abgestimmt werden. Dabei nimmt auch der Abstand zwischen den einzelnen Zeichen Einfluss auf die optische Erscheinung. Geringe Abstände komprimieren den weißen Zwischenraum und reduzieren seine Leuchtkraft, sodass das Weiß der Innenräume heller strahlt. Weite Abstände hingegen lassen die Strichstärke dünner erscheinen, da das vermehrte Weiß eine größere Kraft entwickelt und so das Schwarz teilweise kompensiert (→ *Lichtbrechung, S. 38*).

Mehr über den Einfluss der Innenformen der Buchstaben auf deren Leserlichkeit erfahren Sie auf Seite 122.

NEUHEIT
NEUHEIT

Die Größe der Buchstabenabstände beeinflusst die Leuchtkraft der weißen Buchstabeninnenräume sowie die Farbwirkung der Lettern. Je weiter die Zeichen stehen, desto heller strahlt das Weiß der Zwischenräume und lässt die Strichstärke dünner erscheinen. Auch wirken die Innenräume bei geringen Abständen größer als bei weiten.

BARBARA
ACHILLES

Offene Buchstaben wie *C, H, L* oder *U* wirken heller als geschlossene *(A, B, P, R)*, weil das von oben einfallende Weiß das Schwarz der Zeichen teilweise kompensiert.

FF Kievit Black

ÜBUNG:
Die Formen der Innen- und Zwischenräume von Buchstaben sind besonders charakteristisch. Welche Wörter verbergen sich hinter den Formen?

Lyon Text Regular — »nebensache«

Fairfield LT Medium Italic — »badewanne«

Adobe Jenson Regular — »SCHAUMKUSS«

Gotham Black — »witzbold«

Cera Pro Black — »XYLOPHON«

Conto Slab Black — »VOLLMOND«

Rafgenduks

Rafgenduks

Rafgenduks

Rafgenduks

Rafgenduks

Proportionen, Strichstärke und Kontrast bestimmen das Verhältnis von Schwarz und Weiß. Je ausgeglichener dieses ist, desto mehr profitiert die Leserlichkeit.

Form & Gegenform 115

Rafgenduks

Der hohe Strichkontrast mit den extrem feinen Haarlinien reduziert die Leserlichkeit. Der Negativdruck steigert dieses Defizit zusätzlich, indem die feinen Striche durch die auslaufende Druckfarbe nochmals feiner werden.

Rameau Pro Regular

Rafgenduks

Das Verhältnis von Schwarz und Weiß ist sehr ausgeglichen. Die Leserlichkeit profitiert besonders im Negativdruck von dem recht niedrigen Strichkontrast, der weder zu leichten noch zu kräftigen Strichstärke, den offenen Proportionen und den auf diese abgestimmten Buchstabenabstände.

Legilux Text Regular

Rafgenduks

Auch hier sind die Buchstaben durch das ausgewogene Schwarz-Weiß-Verhältnis gut leserlich. Die moderate Strichstärke formt bei kaum sichtbarem Kontrast besonders im Negativdruck sehr klare Buchstaben. Die Abstände sind ausreichend groß, sodass jedes Zeichen für sich erkennbar bleibt.

Brandon Grotesque Regular

Rafgenduks

Infolge der sehr fetten Strichstärke fallen die Innenräume der Buchstaben und dementsprechend auch die Abstände sehr klein aus. Die offenen Proportionen begünstigen unter diesen schwierigen Umständen die Leserlichkeit, indem die Weißräume immer noch ausreichend groß bleiben – im Gegensatz zur *Interstate* darunter. Im Negativdruck scheint die Strichstärke weniger fett und die Innen- und Zwischenräume wirken größer.

Gotham Ultra

Rafgenduks

Die extreme Strichstärke ermöglicht durch die zusätzlich sehr schmalen Proportionen nur noch minimale Buchstabeninnenräume und -abstände. Der fehlende Weißanteil mindert die Leserlichkeit enorm – auch vom Negativsatz profitiert sie nicht.

Interstate Compressed Ultra Black

Formenkanon

»Type is a beautiful group of letters, not a group of beautiful letters.« Matthew Carters bekanntes Zitat bringt treffend zum Ausdruck, dass eine Schrift erst im gelungenen Zusammenspiel aller Zeichen ein harmonisches Schriftbild entfalten kann.

Beim Entwerfen einer Schrift ist es wichtig, einen homogenen Formenkanon für alle Zeichen zu finden. Während des Skizzierens eines Buchstabens sollten Sie diesen nicht für sich alleine behandeln. Die übrigen Buchstaben und Buchstabenteile sollten immer im Hinterkopf bleiben, sodass eine allumfassende Verbundenheit entsteht. Diese Einheitlichkeit durch sich immer wiederholende Formen prägt ein stimmiges Gesamtbild und gibt dem lesenden Auge Sicherheit, indem es in seiner Erwartung bestätigt und so die Buchstabenerkennung beschleunigt wird. Deutlich wird dies, wenn man verschiedene Schriften miteinander vermischt – der Lesefluss wird merkbar gehemmt.

Eine Schrift benötigt einen einheitlichen Formenkanon, damit sich das lesende Auge auf eine Basis an Grundformen stützen und Buchstaben leichter vorausahnen kann.

Zu viele verschiedene oder nicht zusammenpassende Designdetails erschweren die Leserlichkeit.

Durch ihre Anmutung spricht eine Schrift förmlich mit ihrem Leser. Ihre Stimme bildet sich dabei aus aufeinander abgestimmten Proportionen und Strichstärken, sich wiederholenden Rundungen sowie kleinen, stetig wiederkehrenden Details – denn Details entfalten ihre Wirkung erst durch ihre Wiederholung. Sie können in unterschiedlichen Formen auftreten, etwa in einer bestimmten Art von Strichenden, der Ausführung von Kopf- und Fußserifen oder auch in Gestalt eines charakteristischen Duktus. Das Zusammenspiel dieser Faktoren bestimmt über die Leserlichkeit einer Schrift und gibt ihr gleichzeitig eine Stimmung: warm, kalt, elegant, hart, lebendig, nüchtern, freundlich, aggressiv, …

Requiem Display

Questa Grande

Eine Schrift lebt von Formdetails, die von mehreren Lettern aufgegriffen werden. Erst durch ihre stetige Wiederholung entsteht ein stimmiges Gesamtbild.

Formenkanon 117

ITC Fenice Std

Legilux Headline

Calluna Sans

ITC Weidemann

Fedra Sans Std

The Sans

Bauer Bodoni EF

Leserliche Buchstaben

Es gibt bestimmte Buchstaben, die einander mehr ähneln als andere. Um die Leserlichkeit einer Schrift möglichst hoch zu halten, sollten Sie daher auf eindeutige Unterscheidungsmerkmale an den kritischen Buchstabenpartien achten.

VERWECHSLUNGSGEFAHR. Einige Buchstaben werden besonders häufig miteinander verwechselt. Diese erhöhte Verwechslungsgefahr kann durch die Gestaltung einer Schrift verstärkt oder gemindert werden. Die Schwierigkeit bei der Gestaltung einer leserlichen Schrift liegt also darin, die Gratwanderung zwischen einheitlichem Formenkanon zum einen und eindeutig unterscheidbaren Buchstaben zum anderen zu meistern.

Bodega Sans

> Die am häufigsten verwechselten Lettern sind das versale *I* und die Gemeinen *i, j, l* sowie *f* und *t*. Oft zählt auch die *1* zu dieser Verwechslungsgruppe. Außerdem werden häufig das *O* und die *0* miteinander verwechselt.

Besonders bei Serifenlosen ist zwischen dem versalen *I* und dem gemeinen *l* (wie hier in dieser Schrifttype bereits zu erkennen) kaum ein Unterschied auszumachen. Besonders wenn diese Lettern isoliert stehen und keine weiteren Buchstaben zur kontextuellen Erkennung behilflich sind, ist eine Unterscheidung meistens nicht möglich. Auch kann das *i* schnell zum *l* werden, wenn sich der Punkt nicht eindeutig durch Abstand, Größe oder Form vom Stamm abhebt und die Farbe von Punkt und Stamm ineinanderläuft. Ebenfalls wird das *j* rasch zum *i*, wenn der Schweif etwa bei schlechten Druck- oder Sichtbedingungen »verschwindet«.

Trade Gothic LT

Stempel Garamond Italic

> Bei Serifenschriften hingegen sind *h* und *b* leicht miteinander zu verwechseln. Einerseits bei kursiven Varianten des *h* mit einem nach innen gebogenen Fuß, andererseits bei kräftigen und langen inneren Serifen, die sich optisch leicht verbinden.

Clarendon LT

l Illusion

1, *I* und *l* sind isoliert stehend nicht zu unterscheiden. Das Wort wird erst durch die restlichen Lettern entschlüsselbar. Die *1* wird allerdings nicht als solche wahrgenommen, da weitere Zahlen für ihren Kontext fehlen.

Gill Sans Std Regular

1 Illusion

Der Strichstärkenunterschied zwischen versalem *I* und gemeinem *l* ist kaum sichtbar. Der rechteckige i-Punkt mit nahezu gleicher Breite wie der Stamm erhöht die Gefahr der Verwechslung mit einem *l*. Die *1* hingegen unterscheidet sich deutlich durch Anstrich und Serife.

News Gothic Regular

1 Illusion

Die Oberlänge des *l* unterscheidet es von dem versalen *I*. Die *1* hebt sich durch den Anstrich ab. Die Leserlichkeit des *i* wird durch den mit großzügigem Abstand zum Stamm gesetzten Punkt verbessert.

Avenir Next Regular

1 Illusion

Durch den leichten Knick am Ansatz des *l*, den kleinen Bogen am Fuß sowie die etwas höhere Oberlänge wird eine klare Abweichung zum *I* erzielt. Das *i* grenzt sich durch den deutlichen Punkt vom *l* ab und die *1* ist unverkennbar durch Anstrich, Serife sowie verringerte Höhe.

FF Meta Pro Normal

1 Illusion

Bei Serifenschriften unterscheiden sich *I* und *l* zwar klar durch Strichstärke und Serifen, doch können hier *1* und *l* auch eine sehr ähnliche Gestalt annehmen.

Fournier MT Regular

FORMGRUPPEN. Buchstaben lassen sich entsprechend ihres Risikos, miteinander verwechselt zu werden, in Gruppen einteilen (nach Sofie Beier). Die Buchstaben innerhalb einer Gruppe werden folglich häufiger miteinander verwechselt als mit Buchstaben aus anderen Gruppen. Der Grund für die leichtere Verwechslung der Gruppenmitglieder untereinander ist der höhere Verwandtschaftsgrad, durch den sie sich wesentliche Formmerkmale teilen.
Die Buchstaben, die hier nicht aufgeführt sind, weisen im Normalfall eine gute Leserlichkeit auf, sodass sie nur selten mit anderen verwechselt werden.

Gemeine in x-Höhe mit Standardweite und Mix aus geraden und gebogenen Linien	●	e c a s n u o
Schmale Formen mit einer einzelnen Vertikale	I	i j l t f
Runde Formen	●	O Q D C G
Horizontale und vertikale Formen	☰	F B P E T H
Diagonale Formen	X	V Y W M K X
Vertikale Formen	I	T I J L
Zwei vertikale Stämme	‖	H N M

BESSER LESERLICHE BUCHSTABENFORMEN. Die Schriftgestalterin Sofie Beier und der Wahrnehmungspsychologe Kevin Larson fanden in einer gemeinsamen Studie (2010) heraus, dass wesentliche Designmerkmale die Unterscheidbarkeit von Buchstaben auf Distanz sowie im peripheren Sichtfeld (→ *Sichtfenster, S. 42*) beeinflussen. Dazu testeten sie drei Schriftentwürfe von Sofie Beier, die mit alternativen Buchstabenvarianten ausgestattet waren – alle Schriften hatten etwa jeweils drei verschiedene *c* mit unterschiedlich großen Öffnungen. Auf diese Weise blieb das grundlegende Designskelett der getesteten Schrift unverändert, sodass die Ergebnisse ausschließlich den Einfluss der gefragten Details (eine Kopfserife am *i,* ein Bogen am Fuß des *l,* ...) widerspiegeln – ein großer Vorteil gegenüber anderen Studien, die unterschiedliche Schriften gegeneinander testeten.

Die traditionelle a-Form ist besser leserlich als das kreisrunde *a*, da es häufig mit einem *o* oder *q* verwechselt wird. Das zweistöckige *a* profitiert außerdem von einem bogenförmigen Bauch gegenüber einem diagonal verlaufenden, da das Auge besonders leicht die Horizontalen erfasst.

Aus dem gleichen Grund ist auch ein *s* besser leserlich, wenn die innere Kurve nahe der Horizontalen, anstatt diagonal verläuft. Diese Partie ist wichtiger als der Grad der Öffnung der Strichenden.

Serifen am Kopf des Stamms verbessern die Trennung zum Punkt und unterstützen die Unterscheidbarkeit durch die Betonung der x-Höhe – sofern der Abstand zum Punkt ausreichend ist.

Die Verbreiterung der sehr schmalen Buchstaben *j t f l* kann die Leserlichkeit verbessern, da so ein charakteristischer Weißraum hinzugefügt bzw. vergrößert wird.

Aber: Ein *l* mit ausgeprägtem Bogen ist leichter zu verwechseln mit einem *t*, und dieses (besonders bei sehr langem Querstrich) birgt wiederum das Risiko der Verwechslung mit einem *c*. Für diesen Effekt müssten die Partien aber vermutlich extrem ausgeprägt sein.

Bei dem gemeinen *c* konnte kein Unterschied bezüglich der Leserlichkeit zwischen offenen und geschlosseneren Varianten festgestellt werden.

SERIF ODER SANS. Das wurde viele Jahrzehnte lang (und wird teils immernoch) kontrovers diskutiert. Sind Schriften mit oder ohne Serifen besser leserlich? Zahlreiche Studien versuchten eine Überlegenheit der einen oder anderen Schriftgattung nachzuweisen – allerdings ohne gleichlautende Ergebnisse. Mittlerweile sind die Groteskschriften so weit verbreitet, dass sich die Leser an sie gewöhnt haben. Eine Studie von Sofie Beier und Mary Dyson (2014) stützt diese Annahme, indem sie keinen Unterschied in der Leserlichkeit zwischen einer Sans- und einer Slab-Serif-Variante ein und desselben Schriftentwurfs feststellen konnten. Man könnte also annehmen, alle Antiqua- und Groteskschriften seien gleich gut leserlich – das ist allerdings nicht der Fall.

Die Schriftzeichen der Renaissance-Antiqua unterscheiden sich tendenziell eindeutiger, was sie besonders in langen Texten und Kleingedrucktem besser leserlich macht. So betont die Kopfserife des *i* die Trennung von Stamm und Punkt. Der Tropfen (bzw. Strichauslauf) des *c* macht den Unterschied zum *o* deutlich und die anders geformten Serifen trennen das *u* von einem überkopf stehenden *n*. Doch vor allem ist es das Formprinzip, auf dem die Renaissance-Antiqua aufbaut, das sie besser leserlich macht als statische Schriften. Denn auch humanistische Serifenlose nutzen die dynamischen, auf dem Schreiben mit der Breitfeder basierenden Formen und erlangen durch sie eine eindeutig bessere Leserlichkeit als ihre geometrischen Halbschwestern.

Trotz aller Differenzierung sollten Sie beim Schriftentwurf auf die Gratwanderung zwischen Unterscheidungsmerkmalen und Gemeinsamkeiten achten. Denn nur der harmonische Einklang aller Zeichen ermöglicht einen ungestörten Lesefluss, indem das Auge in seiner Erwartung bestätigt wird (→ *Formenkanon, S. 116*).

Daher gibt es eine Tendenz, dass sich die eine oder andere Schriftgattung besser für bestimmte Einsatzbereiche eignet. Die »DIN 1450:2013-04 Schriften – Leserlichkeit« empfiehlt die Verwendung von humanistischen Serifenlosen in Signalisationstexten (→ *Textarten, S. 24*). Für Konsultationsgrößen seien hingegen Renaissance-Antiqua-Schriften mit kräftigen Haarstrichen und Serifen geeigneter, und für Lesetexte sollten Renaissance- oder Barock-Antiqua-Schriften gewählt werden. Außerdem werden für Konsultations- und Lesetexte ebenfalls die humanistischen Serifenlosen für geeignet erklärt.

Nicht die Serifen sind ausschlaggebend für die Leserlichkeit einer Schrift, sondern das verfolgte Formprinzip. Die dynamischen Formen der Renaissance-Antiqua ergeben durch die schräg gestellte Achse spezifische Innenformen, die durch den entlang der Achse verlaufenden Strichstärkenkontrast betont werden. Hingegen erzeugt das statische Formprinzip der Klassizistischen Antiqua durch die aufrechte Achse teils nahezu identische (Innen-)Formen, wodurch die Leserlichkeit erschwert wird. Dabei macht es kaum einen Unterschied, ob der Strichkontrast herabgesetzt, Serifen verstärkt oder weggelassen werden.

Leserliche Buchstaben 123

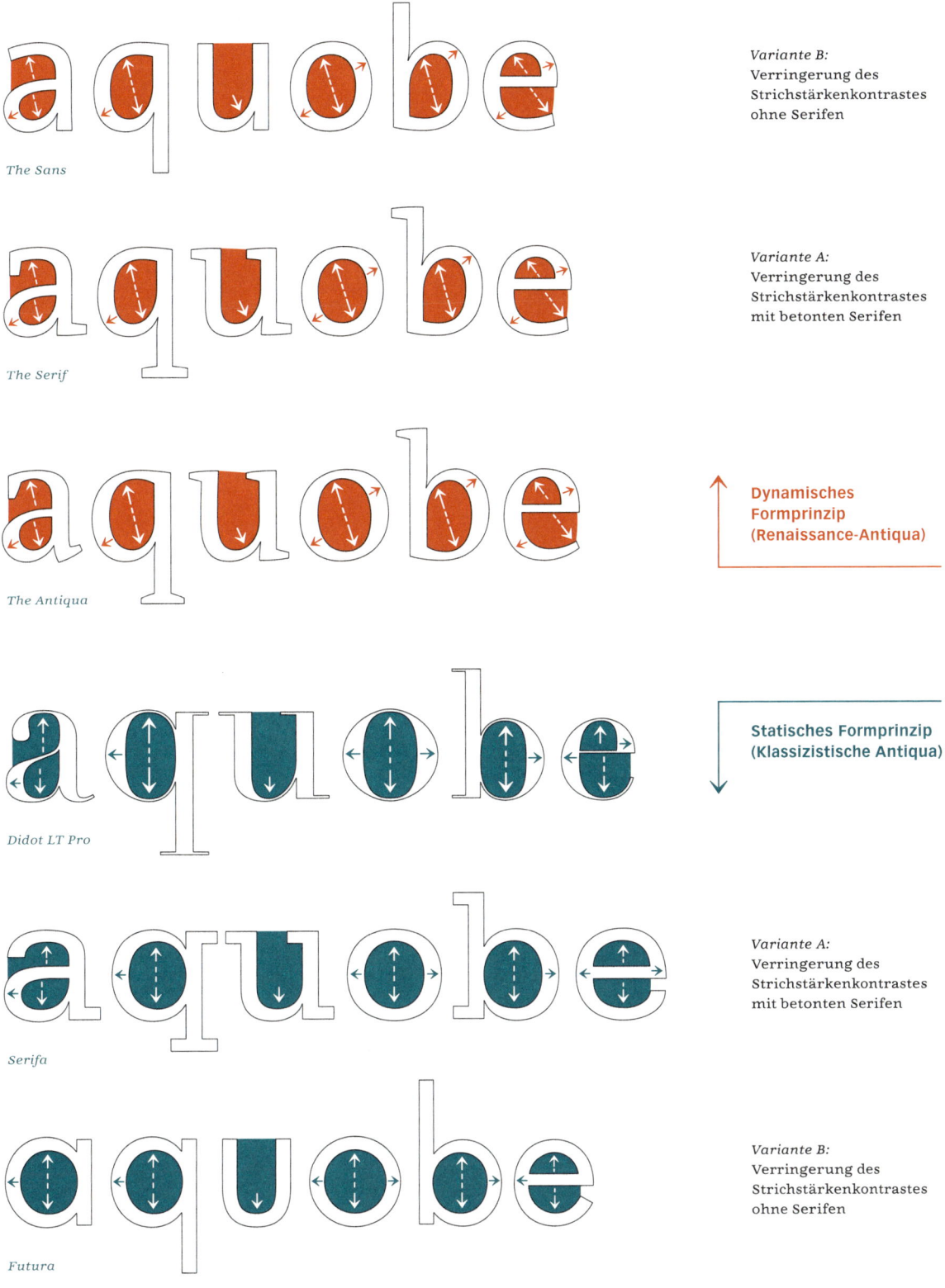

The Sans

Variante B:
Verringerung des
Strichstärkenkontrastes
ohne Serifen

The Serif

Variante A:
Verringerung des
Strichstärkenkontrastes
mit betonten Serifen

The Antiqua

**Dynamisches
Formprinzip
(Renaissance-Antiqua)**

Didot LT Pro

**Statisches Formprinzip
(Klassizistische Antiqua)**

Serifa

Variante A:
Verringerung des
Strichstärkenkontrastes
mit betonten Serifen

Futura

Variante B:
Verringerung des
Strichstärkenkontrastes
ohne Serifen

DESIGNLÖSUNGEN. Es gibt verschiedenste Möglichkeiten, mit der Gestaltung Einfluss auf die Leserlichkeit einer Schrift zu nehmen. Eindeutige Unterscheidungsmerkmale zur *Buchstabendifferenzierung* stehen dabei an erster Stelle.

FF Unit
Die besonders bei Groteskschriften leicht verwechselbaren Zeichen *1*, *I* und *l* unterscheiden sich hier durch eine individuelle Höhe von Zahlen, Versalien und Gemeinen sowie eindeutige Merkmale: *1* und versales *I* zeichnen sich durch Serifen aus, die *1* hebt sich zusätzlich durch einen Anstrich ab und das *l* ist durch einen kleinen Bogen am Fuß unverwechselbar. Dieser Bogen sollte nicht zu breit ausfallen, da ansonsten ein zu großer Weißraum zum Folgebuchstaben entsteht.

Fedra Sans Std
Deutlicher Unterschied zwischen *t*, *f* und *l*. Das *f* erhält eine Unterlänge und das *t* ist deutlich verbreitert, sodass das Zeichen auf seiner rechten Seite einen charakteristischen Weißraum erhält.

Open Sans
Damit ein *r* in der Kombination mit einem *n* nicht als *m* wahrgenommen wird, setzt der Überlauf des *r* niedriger an als bei *n* und *m*.

Calluna Sans
Um die gespiegelt und gedreht scheinenden Buchstaben *b*, *p* und *d* klarer voneinander abzugrenzen, werden die Einläufe der Rundungen in den Stamm bzw. die Strichenden unterschiedlich gestaltet.

ITC Clearface
Clearface Gothic
Die Clearface-Familie wurde mit dem Augenmerk auf gute Leserlichkeit konzipiert und zeichnet sich durch eine deutliche Differenzierung der Letternformen aus. Besonders auffallend ist das gemeine e mit schräg gestelltem Querstrich, sodass beide Punzen möglichst groß ausfallen können – das gleiche Ziel verfolgt das a.

Clearface
Clearface

abcdefghijklmnopqrstuvwxyz
ABCDEFGHIJKLMNOPQRSTUVWXYZ

Eldorado Text
William A. Dwiggins befürwortete große, geöffnete Punzen des gemeinen a und e, um die Leserlichkeit einer Schrift zu verbessern. (Dabei sollten Sie allerdings darauf achten, dass die untere Punze des a sowie das Auge des e nicht zu klein werden.) Der kaum bzw. gar nicht ausgeprägte Tropfen von a und r verhindern eine störende Verdunkelung der Zeichen in kleinen Größen.

eldorado

Univers vs. Futura
Für gewöhnlich weisen die Strichenden von e und c den gleichen Winkel auf, wie bei der *Univers*. Bei der *Futura* hat Paul Renner die Strichenden des c hingegen senkrecht geschnitten, sodass das c schmaler wird und sich der Weißraum besonders in deutschen Wörtern mit der häufigen Kombination von ch und ck besser verteilt. Zudem sind c und e auf diese Weise leichter zu unterscheiden.

Univers *Futura*

Lesekomfort. Um den Lesefluss bestmöglich zu unterstützen, lassen sich Gestalter unterschiedlichste Designlösungen einfallen, die die grundlegenden Eigenschaften einer leserlichen Schrift (Strichstärke, Formprinzip, Proportionen, …) unterstützen sollen. Ein Ziel ist meist die Betonung der Horizontalen, indem etwa die Serifen entsprechend gestaltet werden. Da das Auge allerdings beim Lesen in Sakkaden über die Zeilen springt und alle Buchstaben eines Wortes gleichzeitig entschlüsselt werden, müsste nach heutigen Erkenntnissen solch eine »zeilenbildende« Betonung für den Lesefluss unbedeutend sein (→ *Wie wir lesen, S. 44*). Dennoch bieten die horizontalen Elemente ein Gegengewicht zu den vertikalen Grundstrichen und gleichen so das Gesamtschriftbild aus. Zu diesem Thema gibt es verschiedenste Ansichten und Argumentationen – ein Richtig oder Falsch gibt es da nicht.

Calluna
Die Fußserifen weisen einen starken Einfluss des Schreibens mit der Breitfeder auf, indem der Strich auf der linken Seite mit einem Bogen aus dem Stamm heraustritt und mit einem horizontalen Strich nach rechts abschließt. Die Serifen sind auf diese Weise zeilenbildend, ohne das Schriftbild zu stark zu verdunkeln. Das Ohr des *g* unterstützt diese horizontale Richtung. Die Leserlichkeit wird weiter durch die geneigte Achse der Rundungen, den leicht schrägen Querstrich des *e* sowie die sehr großen Öffnungen gefördert.

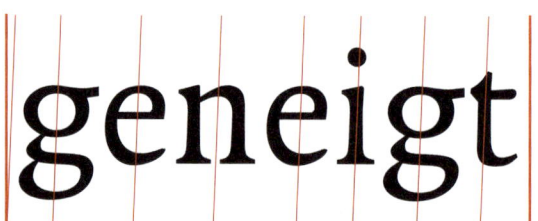

FF Quadraat
Der aufrechte Schnitt ist leicht (1,75°) nach rechts, in Leserichtung, geneigt. Der Gestalter Fred Smeijers wurde hierzu durch frühe Handschriften inspiriert. Auf diese Weise soll die Leserichtung betont und so der Lesefluss verbessert werden.

Neue Swift LT Pro
Die hoch angesetzten und flach verlaufenden Strichanschlüsse sowie die flachen Strichausläufe ermöglichen sehr offene Weißräume *(n, e, t)*. Kräftige Serifen, Fähnchen und Schlaufe des *g* betonen gemeinsam mit den Kopfserifen von *f* und *a* die Horizontale. Die verbreiterte Form des *f* wird durch eine verlängerte rechte Serife ausbalanciert.

FF Balance
Diese Schrift hat die *Antique Olive* (unten) als Vorbild. Die Horizontalen werden hier so stark betont, dass der Strichkontrast umgekehrt verläuft – die Waagerechten sind also kräftiger als die Senkrechten. So soll das Auge horizontal geleitet und die fehlenden Serifen kompensiert werden. Zusätzlich ist der obere Teil aller Buchstaben größer gezeichnet als der untere, da sich dort die meisten Unterscheidungsmerkmale befinden (→ *Die obere Hälfte, S. 62*). Diese Art der Gestaltung macht beide Schriften besonders in kleinen Graden sehr leserlich.

Reason

Die vergrößerte Darstellung der oberen Hälfte der Mittellänge sorgt für eine gute Leserlichkeit – sogar in 5 Pt.

Antique Olive

FF Avance
Um das Auge in eine Vorwärtstendenz zu bringen, wurden hier die Serifen auf eine besondere Art gestaltet: Die Kopfserifen führen von links in den Buchstaben hinein, die Fußserifen leiten nach rechts wieder hinaus und zum nächsten Buchstaben weiter.

horizontaler Leitfaden

Legilux Text
Die großzügigen Formen werden durch den Verzicht auf die innere Serife des abschließenden Stamms der Lettern *h, k, l, m, n* und *x* zusätzlich geöffnet. So wird gleichzeitig verhindert, dass die Buchstaben bei schlechten Druck- oder Sichtbedingungen zulaufen. Die zeilenbildende Funktion der Serifen kann auf diese Weise mit einem großzügigen Weißraum kombiniert werden.

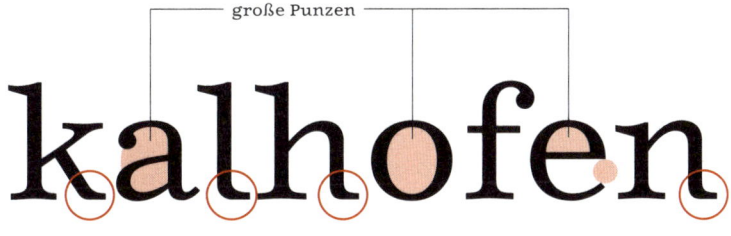

große Punzen

kalhofen

Besondere Anpassungen

Um die Leserlichkeit von Schriften in verschiedenen Punktgrößen zu verbessern, nutzen Schriftgestalter unterschiedliche Gestaltungsformen. Anfangs resultierten diese aus der handwerklichen Herstellung, heute werden sie durch technische Lösungen erzielt.

OPTICAL SCALING ist eine Methode, um eine gleichbleibende Erscheinung einer Schrift in unterschiedlichen Größen zu erhalten. Dieses Verfahren stammt aus dem Bleisatz, als noch jeder Schriftgrad von Hand gefertigt wurde. Die Stempelschneider passten dabei die Letternformen individuell den Erfordernissen an. Denn eine Schrift für 6 Pt sieht in 36 Pt sehr unelegant aus, wohingegen ein Display-Schnitt in kleinen Größen nur mit Anstrengung zu lesen ist.

Daher ist es vorteilhaft, größenspezifisch angepasste Schnitte eines Schriftentwurfs anzulegen: Für kleine Größen werden der Strichstärkenkontrast verringert, die x-Höhe und kleine Innenräume vergrößert sowie Ober- und Unterlängen gekürzt. Außerdem werden die Zeichen breiter gezeichnet und großzügiger zugerichtet, damit sich die Buchstaben in den kleinen Graden weiterhin deutlich voneinander trennen. In großen Schriftgraden werden im Umkehrschluss Strichstärken leichter, Haarlinien und Serifen feiner, Proportionen schmaler und Details differenzierter.

Durch neue Techniken wie den Fotosatz verschwand dieses wertvolle Verfahren für Jahrzehnte, doch dank der heutigen Möglichkeiten der digitalen Schriftgestaltung entstehen wieder umfangreiche Schriftfamilien, die diese sensible Gestaltung aufgreifen. Aktuell bieten die neuen *OpenType Font Variations* (kurz: *Variable Fonts*) eine neue Möglichkeit der Nutzung des Optical Scaling. Es ermöglicht dem Schriftgestalter, mehrere Schnitte einer Schrift in nur eine Fontdatei einzubinden. Dazu werden verschiedene Designachsen definiert (Weite, Strichstärke, Strichstärkenkontrast, Serifenform oder -dicke, …), zwischen denen stufenlose Instanzen berechnet werden können. Auf diese Weise ist es für den Anwender möglich, die verschiedensten Variationen selbst zu generieren: Light, Semilight Condensed, Black Extended, Bold Compressed Semi-Sans mit hohem Strichkontrast, eine monolineare Slab Serif – oder eben optische Größen.

Von *Display* (oben) zu *Caption* (unten) in derselben Schriftgröße. Hier werden die optischen Anpassungen der Designgrößen deutlich: Je kleiner die Schrift, desto niedriger der Strichkontrast, kräftiger Strichstärke und Serifen, höher die x-Höhe und breiter die Proportionen. Kleine Innenformen werden vergrößert *(a, e)* und die Zurichtung wird großzügiger gestaltet (→ *Optimierung für kleine Punktgrößen*, S. 130).

Garamond Premier Pro Display, Subhead, Regular, Caption

Hebap Hebap

Hebap Hebap

Garamond Premier Pro Display & Caption

Optical Scaling — Display (36 Pt)

Optical Scaling

Optical Scaling — Subhead (16 Pt)

Optical Scaling

Optical Scaling — Text (10 Pt)

Optical Scaling

Optical Scaling — Caption (6 Pt)

Optical Scaling ist eine Anpassung des Schriftdesigns an einen bestimmten Schriftgrad. Sie ermöglicht eine größenunabhängige, gleichbleibende Erscheinung einer Schrift, indem es die Einflüsse unserer Wahrnehmung kompensiert (→*Lichtbrechung, S. 38*).

Garamond Premier Pro

OPTIMIERUNG FÜR KLEINE PUNKTGRÖSSEN
ist eine besondere Herausforderung in der Schriftgestaltung. Die hier gezeigten Schriften geben einen kleinen Einblick in die vielfältigen Designmöglichkeiten zur Verbesserung der Leserlichkeit. Alle Schriften teilen grundlegende Merkmale, die für die Leserlichkeit von Kleingedrucktem wichtig sind: offene Formen mit stabilen Proportionen, eine hohe x-Höhe bei relativ kurzen Ober- und Unterlängen, eine gewöhnliche bis etwas kräftigere Strichstärke mit mäßigem Strichkontrast, gepaart mit einer großzügigen Zurichtung. Diese Kriterien ermöglichen ein ausbalanciertes Schwarz-Weiß-Verhältnis von Form und Gegenform unter Berücksichtigung der optischen Einflüsse in sehr kleinen Größen.

gute Leserlichkeit

abcdefghijklmnopqrstuvwxyz
ABCDEFGHIJKLMNOPQRSTUVWXYZ

Eldorado Micro
Kräftige Strichstärke bei moderatem Kontrast; flach aus dem Stamm austretende und einmündende Bögen mit rasch breiter werdendem Grundstrich bei *h, m, n* und *u*; kurze, kräftige Serifen; *e*-Punze betont Horizontale; sehr breite Versalien; sehr offene Zurichtung.

gute Leserlichkeit

abcdefghijklmnopqrstuvwxyz
ABCDEFGHIJKLMNOPQRSTUVWXYZ

FF Clifford Six
Hohe x-Höhe; kräftige Strichstärke; mäßiger Strichstärkenkontrast; offene, stabile Formen (basiert auf der Analyse alter Bleisatzproben der *Caslon Old Style 6 Pt*).

gute Leserlichkeit

abcdefghijklmnopqrstuvwxyz
ABCDEFGHIJKLMNOPQRSTUVWXYZ

Legilux Caption
Hohe x-Höhe; sehr offene Formen durch breite Proportionen sowie einseitige Abschlussserife der Minuskeln *h, k, l, m, n* und *x*; moderater Strichkontrast mit nicht zu feinen Haarlinien; großzügige Zurichtung.

gute Leserlichkeit

abcdefghijklmnopqrstuvwxyz
ABCDEFGHIJKLMNOPQRSTUVWXYZ

Text Type Caption
Sehr hohe x-Höhe; kurze Ober- und Unterlängen; kräftige Strichstärke bei niedrigem Kontrast; deutliche, recht kurze Serifen; offene Formen und große Öffnungen (bes. *e* und *c* durch flache Strichenden).

Besondere Anpassungen

Minuscule 2 bis 6 (die Zahl gibt die zu verwendende Schriftgröße an). Je kleiner die Punktgröße, desto größer die x-Höhe, die Laufweite und der Wortabstand.

gute Leserlichkeit
Minuscule 2

gute Leserlichkeit
Minuscule 3

gute Leserlichkeit
Minuscule 4

gute Leserlichkeit
Minuscule 5

gute Leserlichkeit
Minuscule 6

Dies ist ein Testtext, der in der *Minuscule 2* von Thomas Huot-Marchand gesetzt ist. Dieser hat die *Minuscule* nach den Forschungen des französischen Ophthalmologen Louis Émile Javal gestaltet. Javal war ein bedeutender Wissenschaftler, dessen Ergebnisse Grundlage für die Leserlichkeitsforschung waren und immer noch sind. Die extreme Vereinfachung der Buchstaben bietet sehr eindeutige Differenzierungsmerkmale, sodass dieser Text trotz der ausgesprochen kleinen Schriftgröße von gerade einmal 2 Pt lesbar ist.

2 Pt

Dies ist ein Testtext, der in der *Minuscule 3* von Thomas Huot-Marchand gesetzt ist. Dieser hat die *Minuscule* nach den Forschungen des französischen Ophthalmologen Louis Émile Javal gestaltet. Javal war ein bedeutender Wissenschaftler, dessen Ergebnisse Grundlage für die Leserlichkeitsforschung waren und immer noch sind.

3 Pt

Dies ist ein Testtext, der in der *Minuscule* 4 von Thomas Huot-Marchand gesetzt ist. Dieser hat die *Minuscule* nach den Forschungen des französischen Ophthalmologen Louis Émile Javal gestaltet. Javal war ein bedeutender Wissenschaftler, dessen Ergebnisse Grundlage für

4 Pt

Dies ist ein Testtext, der in der *Minuscule 5* von Thomas Huot-Marchand gesetzt ist. Dieser hat die *Minuscule* nach den Forschungen des französischen Ophthalmologen Louis Émile Javal gestaltet. Javal war ein bedeutender Wissenschaftler, dessen Ergebnisse Grundlage für die Leserlichkeitsforschung waren und immer noch sind. Die extreme Vereinfachung

5 Pt

Dies ist ein Testtext, der in der *Minuscule 6* von Thomas Huot-Marchand gesetzt ist. Dieser hat die *Minuscule* nach den Forschungen des französischen Ophthalmologen Louis Émile Javal gestaltet. Javal war ein bedeutender Wissenschaftler, dessen Ergebnisse Grundlage für die Leserlichkeitsforschung waren und immer noch sind.

6 Pt

Minuscule 2 bis 6 sind Schnitte einer Schriftfamilie, bestehend aus fünf optischen Größen, die die Formreduktion aufs Äußerste ausreizen. Die immer radikaler vereinfachten Formen betonen die wesentlichen Buchstabenelemente und verhelfen so zu einer deutlichen Buchstabendifferenzierung auch in winzigen Graden. Sogar in nur 2 Pt bleibt die *Minuscule* leserlich – wenn auch nicht sonderlich komfortabel. Das Design basiert auf der Forschung des bedeutenden französischen Augenarztes Louis Émile Javal im 19. Jahrhundert.

H N 1245
Tintenfallen

Zwölf Boxkämpfer jagen Eva quer über den Sylter Deich.

Als »Überlaufreservoir« für überschüssige Druckfarbe werden Zeichen mit besonders starken Einkerbungen versehen, um so auch in sehr kleinen Schriftgrößen und unter schlechten Druckbedingungen ein möglichst klares Schriftbild zu gewährleisten. Die *Bell Centennial* ist für diese Technik bekannt.

Bell Centennial (in den Schnitten Bold Listing, Name & Number, Address)

Besondere Anpassungen 133

INK TRAPS (dt. Tintenfallen) sind eine Möglichkeit, ein klares Schriftbild in kleinen Punktgrößen oder unter schlechten Druck- und Papierbedingungen zu bewahren. Besondere Einkerbungen an Schnittpunkten zweier Linien bilden ein Reservoir, in das beim Druck überschüssige Farbe hineinlaufen kann, sodass die Formen der Buchstaben nicht verlaufen und klar zu erkennen bleiben.

Das Paradebeispiel für eine Schrift mit Ink Traps ist die *Bell Centennial* von Matthew Carter. Sie ist ein Redesign der Telefonbuch-Schrift *Bell Gothic* von Chauncey H. Griffith (1938) und wurde 1978 zum 100. Geburtstag der US-Telefongesellschaft AT&T veröffentlicht. Mit den extremen Einkerbungen wollte Griffith kein besonders markantes Design schaffen. Die Ink Traps seiner *Bell Centennial* sollten lediglich den speziellen Einsatzbedingungen beim Druck von Telefonbüchern gerecht werden: sehr kleine Punktgrößen auf äußerst saugfähigem, dünnem Papier und in industrieller Massenproduktion.

Einen ähnlichen Gedanken verfolgte Tobias Frere-Jones bei der Gestaltung seiner *Retina* – wenn auch nicht für schwierige Druckbedingungen, sondern für eine scharfe Bildschirmdarstellung. Die Zeichen der *MicroPlus*-Schnitte für kleine Schriftgrößen sind auf ihre wesentlichen Formen reduziert, die mittels zahlreicher Leserlichkeitstest ausgelotet wurden. Die extremen Einkerbungen heißen hier *notches* (dt. Einschnitt, Kerbe), da sie keine Tinte, sondern Pixel »auffangen« sollen – trotzdem funktionieren sie auch wunderbar im Druck als Ink Traps. Die durch das *Antialiasing* bzw. die Darstellung von *Subpixeln* (→ *Bildschirmdarstellung, S. 166*) kaschierten Zeichen erscheinen dank der extremen Einschnitte schärfer. So erlangen die *Retina MicroPlus*-Schnitte zusammen mit einem sorgfältigen manuellen *Hinting* eine ausgezeichnete Lesbarkeit auch in kleinsten Punktgrößen am Bildschirm.

@&53#*%
@&53#*%
Retina Medium & Retina MicroPlus Medium

kraftpixel
kraftpixel
Retina Light & Retina MicroPlus Light

kraftpixel
kraftpixel
Retina Book & Retina MicroPlus Book

kraftpixel
kraftpixel
Retina Medium & Retina MicroPlus Medium

kraftpixel
kraftpixel
Retina Bold & Retina MicroPlus Bold

Die *MicroPlus*-Schnitte *(MP)* der *Retina* zeichnen sich durch vereinfachte Formen und extreme Einkerbungen *(notches)* aus, die auf Bildschirmen selbst in kleinen Punktgrößen ein klares Schriftbild ermöglichen. Je fetter der Schnitt, desto deutlicher die Einschnitte.

DWIGGINS M-FORMEL ist eine besondere Methode für das Gestalten von Schriften für kleine Punktgrößen, deren Merkmal holzschnittartige Formen sind. William Addison Dwiggins fand 1937 beim Schnitzen eines Marionetten-Gesichts heraus, dass – aus der Entfernung betrachtet – übertrieben grobe Formen besser erkennbare Gesichtszüge ermöglichten als weiche. Diese Erkenntnis übertrug Dwiggins auf seine Textschrift *Caledonia*. Für ihn war diese Entdeckung eine Möglichkeit, die Merkmale seiner Buchstaben deutlicher hervorzuheben. Dadurch, dass das Auge nicht existierende Kurven in verkleinerten Objekten wahrnimmt, täuschte Dwiggins das Auge, indem er innere Kurven scharf schnitt, anstatt sie rund laufen zu lassen (z. B. *hnu*).

In kleineren Schriftgrößen verschwinden die harten Kanten und erscheinen uns als Rundungen.

wayrinf

New Caledonia Italic

Krafut

In kleineren Schriftgrößen verschwinden die harten Kanten und erscheinen uns als Rundungen.
ITC Charter BT Roman

Besondere Anpassungen 135

Gurmift

In kleineren Schriftgrößen verschwinden die hart geschnittenen Kanten und erscheinen uns als Rundungen.
Whitman Roman

Quirasch

In kleineren Schriftgrößen verschwinden die harten Kanten und erscheinen uns als Rundungen.
Whitman Italic

nurmay

In kleineren Schriftgrößen verschwinden die harten Kanten und erscheinen uns als Rundungen.
New Caledonia Medium

zackiv

In kleineren Schriftgrößen verschwinden die hart geschnittenen Kanten und erscheinen uns als Rundungen.
ITC Charter BT Italic

Zwischenräume

Die Abstände zwischen den einzelnen Zeichen einer Schrift sind maßgebend für die gebotene Lesbarkeit. Erst ein regelmäßiger Rhythmus von Zeichenflächen und Weißräumen macht aus leserlichen Einzelzeichen eine gut lesbare Schrift.

ZURICHTUNG bezeichnet die Positionierung eines Zeichens auf seinem Kegel, durch die Vor- und Nachbreite festgelegt werden. Aus deren Addition bildet sich wiederum der jeweilige Buchstabenabstand (→ *Buchstabenabstand, S. 14*). Die Zurichtung entscheidet über die Lesbarkeit einer Schrift, indem sie ihren Rhythmus bestimmt. Die Lettern an sich können noch so leserlich sein – wenn sich der Abstand zum nächsten Zeichen nicht harmonisch in das Gesamtbild einfügt, entstehen durch zu geringe Abstände dunkle Flecken und durch zu große Zwischenräume weiße Löcher. Solche Unebenheiten ziehen unser Auge sofort an und stören den Lesefluss. Außerdem hilft ein einheitlicher Rhythmus dem lesenden Auge, die nächste Fixation zuverlässig vorauszuplanen.

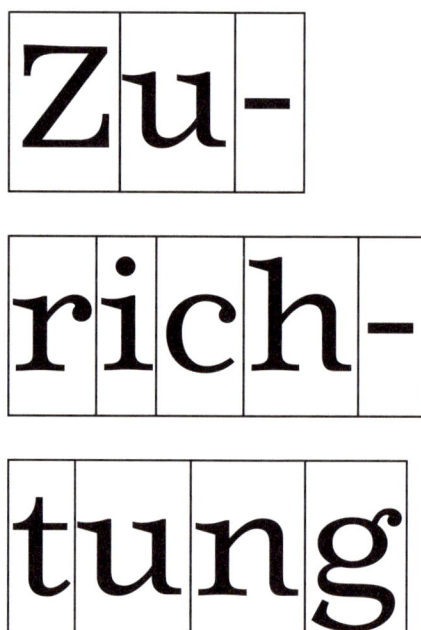

> Aus diesem Grund ist das Ziel der Zurichtung, einen ausgewogenen Rhythmus aus Schwarz und Weiß zu erzeugen, also aus Innen- und Zwischenräumen (weiß) sowie Stämmen und Rundungen (schwarz). Je einheitlicher dieser Takt ist, desto gleichmäßiger erscheint der Grauwert eines gesetzten Textes – desto besser die Lesbarkeit. Dazu wird wie mit einer Gießkanne der Weißraum zwischen allen Zwischen- und Innenräumen gleichmäßig verteilt. Da sich allerdings nicht alle Rhythmus-Probleme mithilfe der Zurichtung oder des Kernings (→ *Kerning, S. 15*, → *Optisches und Metrisches Kerning, S. 16*) lösen lassen, können auch Nachbesserungen an den betroffenen Buchstabenformen erforderlich werden.

Eine gute Zurichtung erfordert viel Geduld vom Schriftgestalter, sollte aber sorgfältig durchgeführt werden, da sie unnötige Extraarbeit durch ausuferndes Kerning ersparen kann. Zu Beginn werden die Abstände der Standardformen definiert: von Stamm zu Stamm, von Rundung zu Rundung sowie von Stamm zu Rundung – diese Räume werden mithilfe der Lettern *n* und *o* bzw. *H* und *O* ermittelt. Wurden die jeweiligen Werte ausgelotet, können sie auf die verwandten Lettern übertragen werden und es sind nur noch kleinere Nachkorrekturen nötig.

Zwischenräume 137

Zu enge Zurichtung. Die Innenräume sind deutlich größer als die Zwischenräume, sodass das Wort unausgeglichen wirkt. Es scheinen eher die Stämme der benachbarten Buchstaben zueinandergehörig – die sich verbindenden Serifen verstärken diesen Eindruck zusätzlich. Eine schnelle Buchstabenidentifizierung ist so nicht möglich.

Zu weite Zurichtung. Die Abstände sind so groß, dass das Wort keinen Zusammenhalt hat und auseinanderfällt. Auch wird es den Wortzwischenräumen (→ *Wortabstand, S. 143*) erschwert, sich hervorzuheben. Eine derart zugerichtete Schrift ist nur schwer zu lesen, da das Auge durch die weiten Abstände pro Fixation nur sehr wenige Buchstaben erfassen kann – es also pro Wort womöglich mehrere Fixationen und Sakkaden benötigt (→ *Wie wir lesen, S. 44*).

Ausgeglichene Zurichtung. Der regelmäßige Rhythmus von schwarzen Stämmen und weißen Innen- bzw. Zwischenräumen bietet dem Auge ein angenehmes und voraussehbares Bild.

Das Wort »minimum« eignet sich sehr gut als erstes Testwort, da seine Buchstaben eng miteinander verwandt sind und daher sehr ähnliche oder sogar identische Vor- und Nachbreiten erhalten.

Die Zurichtung ist entscheidend für die Lesbarkeit. Nur durch einen ausgeglichenen Rhythmus von Schwarz und Weiß kann ein ebenmäßiger Grauwert im Text entstehen. Zu enge oder unregelmäßige Abstände sorgen für helle oder dunkle Kleckse, die die Lesbarkeit stark beeinträchtigen.

Zu weite Zurichtung

Die zu weite Zurichtung lässt die Wörter auseinanderfallen, der Wortabstand (→ *Wortabstand, S. 143*) geht unter. Da die Abstände aber gleichmäßig sind, können Sie in Satzprogrammen über die Verringerung der Laufweite die zu großen Abstände reduzieren. Als Schriftgestalter können Sie dies anfangs auch dazu nutzen, das richtige Maß zu finden, indem Sie Ihre Schrift mit unterschiedlichen Laufweiten testen.

Die Zurichtung ist entscheidend für die Lesbarkeit. Nur durch einen ausgeglichenen Rhythmus von Schwarz und Weiß kann ein ebenmäßiger Grauwert im Text entstehen. Zu enge oder unregelmäßige Abstände sorgen für helle oder dunkle Kleckse, die die Lesbarkeit stark beeinträchtigen.

Zu enge Zurichtung

Ebenso können Sie bei zu geringen, aber regelmäßigen Abständen die Zurichtung durch eine erhöhte Laufweite korrigieren. Durch zu enge Abstände fällt es dem Leser schwerer, die einzelnen Buchstaben zu erkennen, sodass sich die Lesegeschwindigkeit stark verlangsamt.

Die Zurichtung ist entscheidend für die Lesbarkeit . Nur durch einen ausgeglichenen Rhythmus von Schwarz und Weiß kann ein ebenmäßiger Grauwert im Text entstehen . Zu enge oder unregelmäßige Abstände sorgen für helle oder dunkle Kleckse, die die Lesbarkeit stark beeinträchtigen .

Unausgeglichene Zurichtung

Die extrem unregelmäßigen Abstände stören den Leser sehr, da das Auge von dunklen und hellen Flecken angezogen und so vom Lesen abgelenkt wird. Vom Schriftanwender lässt sich so eine Schrift nicht korrigieren – lediglich einzelne Wörter ließen sich mühevoll Buchstabe für Buchstabe von Hand zurichten.

Die Zurichtung ist entscheidend für die Lesbarkeit. Nur durch einen ausgeglichenen Rhythmus von Schwarz und Weiß kann ein ebenmäßiger Grauwert im Text entstehen. Zu enge oder unregelmäßige Abstände sorgen für helle oder dunkle Kleckse, die die Lesbarkeit stark beeinträchtigen.

Ausgeglichene Zurichtung

Eine gleichmäßige Zurichtung macht aus leserlichen Buchstaben erst eine lesbare Schrift. Das ausgeglichene Schriftbild unterstützt den Lesefluss, indem die Zeichen klar erkennbar sind und die Wörter sich deutlich trennen. Der Grauwert ist ebenfalls angenehm und gleichmäßig.

monarch

monarch

docklands

docklands

MONARCH

MONARCH

DOCKLANDS

DOCKLANDS

● ● Buchstabenabstand aus Vor- und Nachbreiten
● ● den optischen Buchstabenabstand beeinflussende Weißräume

Mithilfe der Zurichtung wird der Weißraum zwischen allen Lettern wie mit einer Gießkanne optisch gleichmäßig verteilt. Dabei nimmt die Form des individuellen Zeichens wesentlichen Einfluss auf die notwendigen Abmessungen für Vor- und Nachbreiten, denn der Weißraum in und um das Schriftbild beeinflusst die Wirkung des Buchstabenabstandes. Da sich etwa unter dem Bogen eines *r* ein sehr großer Weißraum auftut, wird die Nachbreite so knapp wie möglich bemessen. Aber auch Serifen nehmen Einfluss auf den optischen Abstand, indem sie den Weißraum verdunkeln.

Rundungen benötigen generell geringere Vor- und Nachbreiten als Geraden, da sie bereits von sich aus viel Weißraum mitbringen.

Seitliche Öffnungen, wie bei *a, c, e* und *s* oder *L, A* und *K*, lassen den Weißraum der Punzen in den Buchstabenabstand strahlen, sodass dieser größer erscheint und deshalb bei diesen Lettern eine geringere Vor- bzw. Nachbreite erforderlich ist.

Serifenschriften erhalten weniger *Fleisch* als Serifenlose, da sich auch der Raum, der ober- bzw. unterhalb der Serifen und seitlich der Stämme liegt, auf den optischen Buchstabenabstand auswirkt.

Legilux Caption & Legilux Sans

Testen der Zurichtung. Nach der ersten Grundzurichtung folgt eine Überprüfung des Zusammenspiels aller Vor- und Nachbreiten. Das kann anfangs in Buchstabenreihungen erfolgen, sollte aber bald auch mit Testwörtern kontrolliert werden, da echte Wörter durch geläufige Buchstabenkombinationen immer den besten Beweis liefern. Dafür ist es ratsam, auf verschiedene Sprachen zurückzugreifen, wenn diese später von der Schrift unterstützt werden sollen. Jede Sprache zeichnet sich durch charakteristische Buchstabenkombinationen aus, und bestimmte Lettern tauchen regelmäßiger auf als andere. Deutsch und Englisch nutzen beispielsweise sehr oft das *e,* im Italienischen finden sich häufige Konsonantendoppelungen wie *cc, ff* oder *tt* und Polnisch stellt durch die häufige Verwendung von Buchstaben mit Diagonalen wie *kwyz* besonders hohe Anforderungen an die Zurichtung (→ *Sprachanpassungen, S. 160*).

Nach der Grundzurichtung steht die Überprüfung des Zusammenspiels aller Vor- und Nachbreiten an. Dies geschieht am besten anhand von Wörtern verschiedener Sprachen (hier einige Beispiele nach Emil Ruder).

nnononnoon   HHAHHOOAOO
nnannooaoo   HHBHHOOBOO
nnbnnooboo   HHCHHOOCOO
nncnnoocoo   HHDHHOODOO
nndnnoodoo   HHEHHOOEOO
nnennooeoo   HHFHHOOFOO
nnfnnoofoo   HHGHHOOGOO
nngnnoogoo   HHHHHOOHOO

Erst wenn die richtigen Abstände zwischen *n* und *o* gefunden wurden, wenden Sie sich der Zurichtung der übrigen Lettern zu. Setzen Sie anfangs jeden Buchstaben zwischen je zwei *n* sowie zwei *o,* um so das richtige Maß für Vor- und Nachbreiten zu ermitteln. Das Ziel ist, den Weißraum zwischen allen Lettern gleichwertig erscheinen zu lassen. Bei den Versalien wird zunächst die Nachbreite des *H* auf die Abstände der Gemeinen angepasst – bei symmetrischen Lettern erhält die Vorbreite denselben Wert. Anschließend wird nach dem gleichen Prinzip wie bei den Gemeinen (hier mit *H* und *O*) fortgefahren.
Legilux Subhead

vertrag	crainte	screw	bibel	malhabile	modo
verwalter	croyant	science	biegen	peuple	punibile
verzicht	fratricide	sketchy	blind	qualifier	quindi
vorrede	frivolité	story	damals	quelle	dinamica
yankee	instruction	take	china	quelque	analiso
zwetschge	lyre	treaty	schaden	salomon	macchina
zypresse	navette	tricycle	schein	sellier	secondo
fraktur	nocturne	typograph	lager	sommier	singolo
kraft	pervertir	vanity	legion	unique	possibile
raffeln	presto	victory	mime	unanime	unico
reaktion	prévoyant	vivacity	mohn	usuel	legge
rekord	priorité	wayward	nagel	abonner	unione
revolte	proscrire	efficiency	puder	agir	punizione
tritt	raviver	without	quälen	aiglon	dunque
trotzkopf	tactilité	through	huldigen	allégir	quando
tyrann	arrêt	known	geduld	alliance	uomin

nnninnonnoonninlnnllnninnonnninonnoonninlnnllnninnonnninnnnonln
noonninlnnllnninnonnninonnoonninlnnllnninnonnninnonnnninnllninon
lnnllnninnonninonnoonninlnnllnninnonnninonnoonninlnnllnninooninln
nnninnonnoonninlnnllnninnonninnonnoonninlnnllnninnonnninnonnnonin
noonninlnnllnninnonnninonnoonninlnnllnninnonnninonoonninlnllnon
lnnllnninnonnninonnoonninlnnllnninnonnninonnoonninlnnllnninonon
nnninnonoonninlnnllnninnonnninonnoonninlnnllnninnonnninnonnlnonn
noonninlnnllnninnonnninonnoonninlnnllnninnonnninonnoonniononlln
lnnllnninnonnninonnoonninlnnllnninnonnninonnoonninlnnllnninnooninn
nnninnonnoonninlnnllnninnonnninonnoonninlnnllnninnonnninonoonnln
noonninlnnllnninnonnninonnoonninlnnllnninnonnninonnoonninonnin
lnnllnninnonnninonnoonninlnnllnninnonnninonnonninlnnllnninonillnon

aaabacadaeafagahaiajakalamanaoapaqarasatauavawaxayaza
babbbcbdbebfbgbhbibjbkblbmbnbobpbqbrbsbtbubvbwbxbybzb
cacbcccdcecfcgchcicjckclcmcncocpcqcrcsctcucvcwcxcyczc …

Mithilfe verschiedener Buchstabenreihungen können Sie die Zurichtung Ihrer Schrift testen. Im oberen Beispiel lässt sich der allgemeine Rhythmus der grundlegenden Abstände von Stämmen und Rundungen überprüfen. Es soll ein ebenmäßiger Grauwert ohne Störungen entstehen. Die untere Reihung zeigt jede mögliche Buchstabenkombination. Über diese Abfolge lassen sich später auch notwendige Kerningpaare feststellen.

Legilux Caption

KERNING. Da mithilfe der Zurichtung nicht alle Buchstabenkombinationen ausgeglichen werden können, wird das Kerning benötigt. Es gleicht die Abstände zwischen zwei ausgewählten Lettern unabhängig von ihrer Zurichtung aus, indem ein Zeichen das andere unterschneidet oder zusätzlicher Weißraum eingefügt wird (→ *Kerning, S. 15*). Solche individuellen Nachbesserungen sind für einen durchgehend regelmäßigen Rhythmus von Schwarz und Weiß unumgänglich.

Eine effektive Hilfe dabei ist das *Klassen-Kerning*. Es ermöglicht mehrere, formverwandte Zeichen in Gruppen zu gliedern, sodass die Kerningwerte, die Sie zwischen den Basisbuchstaben dieser Gruppen festlegen, automatisch auf die untergeordneten Gruppenmitglieder übertragen werden. Auf diese Weise muss nicht jede notwendige Buchstabenkombination einzeln gekernt werden – eine immense Arbeitserleichterung für Schriftgestalter, Computer, Webseiten, Drucker, … Grundsätzlich gilt jedoch: Je sorgfältiger die Zurichtung erfolgte, desto weniger Kerningpaare werden im Nachhinein benötigt – nicht die Anzahl der Kerningpaare entscheidet über die Qualität einer Schrift.

Insbesondere das Kerning eines ausgebauten Zeichensatzes mit vielen diakritischen Zeichen wird enorm erleichtert. Durch das Kerningpaar *AV* werden automatisch *ÁV, ÀV, ÂV, ÄV, ÅV, ÃV, ĀV, ĄV, ǍV, ÁV* mitgekernt.

passende Zurichtung
kein Kerning nötig

HAND   Hype   (herein)

ohne Kerning
zu enge/weite Abstände

AVANT   Type   (herauf)

mit Kerning
korrigierte Abstände

AVANT   Type   (herauf)

Kepler Subhead

Zwischen zwei Senkrechten steht das *A* einwandfrei. Wird es mit Diagonalen gepaart, werden die Weißräume allerdings zu groß.

Das *y* ist zwischen den zwei senkrechten Stämmen gut positioniert. Bei der Paarung mit einem *T* entsteht jedoch ein zu großer Weißraum.

Die schließende Klammer steht gut zum *n*, mit der Oberlänge des *f* droht sie jedoch zu kollidieren.

WORTABSTAND. Für die Lesbarkeit einer Schrift ist der Abstand zwischen den Wörtern sehr wichtig, da er den Leseprozess entscheidend beeinflusst. Ist der Abstand zu groß, klaffen weiße Lücken im Text und es kann kein ausgeglichenes Satzbild entstehen. Außerdem benötigt der Leser mehr Augensprünge pro Zeile, da während einer Fixation weniger Zeichen erfasst werden können (→ *Wie wir lesen, S. 44*). Ist der Wortabstand hingegen zu gering, können Wörter nicht mehr klar voneinander getrennt werden, sodass der Leser ein hohes Maß an Konzentration aufbringen muss. Auch ist es dem Auge so nicht möglich, den nächsten Fixationspunkt zu planen, da es am Rande des Sehfeldes nicht mehr das Wortende ausmachen kann. Der optimale Wortabstand liegt etwa zwischen der Breite eines *i* und einem Viertelgeviert.

Ein dichter Herbstnebel verhüllte noch in der Frühe die weiten Räume des fürstlichen Schloßhofes, als man schon mehr oder weniger durch den sich lichtenden Schleier die ganze Jägerei zu Pferde und zu Fuß durcheinander bewegt sah. Die eiligen Beschäf-

Optimaler Wortabstand.
Die Wörter sind deutlich zu erkennen, der Text bildet dennoch ein homogenes Bild ohne auffällige Lücken. Etwa die Breite eines *i* oder eines Viertelgevierts bietet in der Regel einen guten Richtwert.

Ein dichter Herbstnebel verhüllte noch in der Frühe die weiten Räume des fürstlichen Schloßhofes, als man schon mehr oder weniger durch den sich lichtenden Schleier die ganze Jägerei zu Pferde und zu Fuß durcheinander bewegt sah.

Zu großer Wortabstand.
In den Zeilen klaffen große Löcher, sodass der Lesefluss deutlich behindert wird und ein fleckiges Satzbild entsteht.

Ein dichter Herbstnebel verhüllte noch in der Frühe die weiten Räume des fürstlichen Schloßhofes, als man schon mehr oder weniger durch den sich lichtenden Schleier die ganze Jägerei zu Pferde und zu Fuß durcheinander bewegt sah. Die eiligen Beschäftigungen der

Zu geringer Wortabstand.
Die Wörter sind kaum mehr voneinander zu trennen, sodass eine hohe Konzentration zum Lesen benötigt wird und kein Lesefluss entstehen kann.

ANWENDEN

Ein im Hinblick auf Leserlichkeit optimierter Schriftentwurf bietet die Basis für einen gut lesbaren Text. Am Ende wird aber durch die konkrete typografische Anwendung bestimmt, ob eine gut leserliche Schrift ihre Stärken im Layout ausspielen kann. Der Grund liegt im Wechselspiel zahlreicher Faktoren, die individuell von Schrift zu Schrift und je nach Einsatz und Layout unterschiedlich aufeinander reagieren.

Lesetypografie 146

    Schriftgröße, Zeilenlänge & Abstand
    Wahre Schriftgrößen
    Satzart
    Gemeine & Versalien

Detailtypografie 156

    Ligaturen
    Kapitälchen
    Mediävalziffern
    Sprachanpassungen
    Laufweite anpassen

Schrift & Ausgabemedium 164

    Drucktechnik & Papierwahl
    Bildschirmdarstellung
    Äußere Einflüsse

Lesetypografie

Nach der Wahl einer geeigneten Schrift bestimmt die typografische Ausgestaltung mit Schriftgröße, Satzart, Zeilenlänge und -abstand über die letztendlich gebotene Lesbarkeit. Dabei beeinflussen sich die verschiedenen Parameter wechselseitig.

SCHRIFTGRÖSSE, ZEILENLÄNGE & ABSTAND.

Um einen gut lesbaren Text zu setzen, sollten Sie sich als Typograf der unmittelbaren Abhängigkeit zwischen Schriftgröße, Zeilenlänge und Zeilenabstand bewusst sein. Die Veränderung einer dieser drei Komponenten macht eine Überprüfung und eventuelle Anpassung der beiden anderen Parameter unumgänglich. Da das Zusammenspiel der drei Faktoren für jede Schrift abhängig von ihren individuellen Proportionen neu zu definieren ist, können entsprechend festgelegte Werte nicht pauschal auf eine andere Schrift übertragen werden. Steht also ein Schriftwechsel in einem bereits bestehenden Layout an, ist es notwendig, Schriftgröße, Zeilenlänge und Durchschuss auf die neue Schrift anzupassen, um eine vergleichbare bzw. bessere Lesbarkeit zu gewährleisten.

> Unterschiedliche Lesesituationen erfordern dabei unterschiedliche typografische Lösungen. Beispielsweise kommt es in einem Nachschlagewerk darauf an, dass ein Schlagwort möglichst schnell gefunden wird. Kurze Zeilen sind hier vorteilhaft, da sie sich schneller überfliegen lassen – eine relativ kleine Schriftgröße macht dies noch einfacher und spart obendrein Platz. Dieses hohe Lesetempo lässt sich aber nur kurz aufrecht erhalten, weshalb für umfangreichere Texte eine größere Punktgröße mit längeren Zeilen und mehr Zeilenabstand zu einem auf Dauer komfortableren Lesefluss führt (→ *Zeilenlänge, S. 148*).

Aufgrund dieser wechselseitigen Beziehungen ist eine sensible Typografie die Basis für eine gute Lesbarkeit. Sie beachtet sowohl die individuellen Anforderungen der Lesesituation als auch die des verwendeten Mediums. Denn erst der umsichtige gestalterische Umgang macht aus einer guten Schrift eine gut lesbare – schließlich kann auch eine hervorragende Schrift immer schlecht lesbar eingesetzt werden.

Damit ein angenehmer Lesefluss entstehen kann, ist es notwendig, Schriftgröße, Zeilenlänge und Zeilenabstand aufeinander und auf die Proportionen der verwendeten Schrift abzustimmen. Lange Zeilen benötigen dabei generell einen größeren Abstand als kurze. Eine Schrift mit hoher x-Höhe profitiert von etwas mehr Durchschuss, da bereits die Zeichen selbst viel des Weißraums zwischen den Zeilen einnehmen. Umgekehrt ist bei ausgeprägten Ober- und Unterlängen ein geringerer Zeilenabstand vorteilhaft, um den Text optisch zusammenzuhalten.

Ein dichter Herbstnebel verhüllte
noch in der Frühe die weiten Räume
des fürstlichen Schloßhofes, als man
schon mehr oder weniger durch den
sich lichtenden Schleier die ganze
Jägerei zu Pferde und zu Fuß durcheinander bewegt sah. Die eiligen Beschäftigungen der Nächsten ließen
sich erkennen: man verlängerte, man
verkürzte die Steigbügel, man reich-

8/9,7 Pt — Haben Sie keine Scheu vor Nachkom-
mastellen für den optimalen Zeilenabstand!

Ein dichter Herbstnebel verhüllte noch in der
Frühe die weiten Räume des fürstlichen Schloßhofes, als man schon mehr oder weniger durch
den sich lichtenden Schleier die ganze Jägerei
zu Pferde und zu Fuß durcheinander bewegt
sah. Die eiligen Beschäftigungen der Nächsten
ließen sich erkennen: man verlängerte, man

12/14,2 Pt — Längere Zeilen benötigen verhältnismäßig mehr Durchschuss
als kurze, um optisch gleichwertig zu erscheinen.

Ein dichter Herbstnebel verhüllte noch in
der Frühe die weiten Räume des fürstlichen
Schloßhofes, als man schon mehr oder weniger
durch den sich lichtenden Schleier die ganze
Jägerei zu Pferde und zu Fuß durcheinander
bewegt sah. Die eiligen Beschäftigungen der
Nächsten ließen sich erkennen: man verlängerte, man verkürzte die Steigbügel, man reichte
sich Büchse und Patrontäschchen, man schob

9/11 Pt — Bei Lesegrößen mit durchschnittlicher
Zeilenlänge ist häufig ein Durchschuss von 2 Pt
ein guter Ausgangspunkt.

Ein dichter Herbstnebel verhüllte
noch in der Frühe die weiten Räume des fürstlichen Schloßhofes,
als man schon mehr oder weniger
durch den sich lichtenden Schleier
die ganze Jägerei zu Pferde und zu
Fuß durcheinander bewegt sah. Die
eiligen Beschäftigungen der Nächsten ließen sich erkennen: man verlängerte, man verkürzte die Steigbügel, man reichte sich Büchse und
Patrontäschchen, man schob die
Dachsranzen zurecht, indes die Hunde ungeduldig am Riemen den Zu-

6/7 Pt — Kleine Schriftgrößen
erfordern kürzere Zeilen, die mit
weniger Abstand auskommen.

Ein dichter Herbstnebel verhüllte
noch in der Frühe die weiten Räume
des fürstlichen Schloßhofes, als man
schon mehr oder weniger durch den
sich lichtenden Schleier die ganze
Jägerei zu Pferde und zu Fuß durcheinander bewegt sah. Die eiligen
Beschäftigungen der Nächsten ließen
sich erkennen: man verlängerte, man
verkürzte die Steigbügel, man reichte
sich Büchse und Patrontäschchen,
man schob die Dachsranzen zurecht,
indes die Hunde ungeduldig am
Riemen den Zurückhaltenden mit
fortzuschleppen drohten. Auch hie
und da gebärdete ein Pferd sich
mutiger, von feuriger Natur getrieben
oder von dem Sporn des Reiters
angeregt, der selbst hier in der
Halbhelle eine gewisse Eitelkeit, sich
zu zeigen, nicht verleugnen konnte.
Alle jedoch warteten auf den Fürsten,

4/4,7 Pt — Sehr kurze
Zeilen brauchen oft nur
einen geringen Abstand.

Ein dichter Herbstnebel verhüllte noch in der Frühe die weiten Räume des fürstlichen Schloßhofes, als man schon mehr oder weniger
durch den sich lichtenden Schleier die ganze Jägerei zu Pferde und
zu Fuß durcheinander bewegt sah. Die eiligen Beschäftigungen der
Nächsten ließen sich erkennen: man verlängerte, man verkürzte
die Steigbügel, man reichte sich Büchse und Patrontäschchen, man

14/19 Pt — Sehr lange Zeilen erfordern einen größeren Zeilenabstand, da das lesende Auge beim Zeilen-
wechseln einen weiten Weg zurücklegen muss und dabei nicht in der Zeile verrutschen darf.

Ein dichter Herbstnebel verhüllte noch in der Frühe
die weiten Räume des fürstlichen Schloßhofes, als
man schon mehr oder weniger durch den sich lichtenden Schleier die ganze Jägerei zu Pferde und zu
Fuß durcheinander bewegt sah. Die eiligen Beschäftigungen der Nächsten ließen sich erkennen: man ver-

18/20,5 Pt — Der große Schriftgrad ist in einer gewöhnlichen Zeilenlänge gesetzt, sodass hier ähnlich wie in der Lesegröße 9/11 Pt
ein Durchschuss von 2 bis 2,5 Pt für die *Legilux* optimal ist. Bedenken Sie, dass eine andere Schrift eigene Werte benötigt.

Zeilenlänge. Sie ist in erster Linie von der Schriftgröße abhängig. In sehr kleinen Punktgrößen ist es für den Leser anstrengend, über längere Zeit den Blick auf einer Zeile zu halten – kurze Zeilen sind hier also vorteilhaft. Für Lesegrößen (9–12 Pt) ist häufig eine Zeilenlänge zwischen 50 und 70 Zeichen (inkl. Leer- und Interpunktionszeichen) optimal; diese Angabe ist allerdings lediglich ein Richtwert. Die optimale Zeilenlänge wird durch die individuellen Proportionen der jeweils gewählten Schrift definiert. Das richtige Maß zwischen Schriftgröße, Proportionen der Schrift und Zeilenlänge entscheidet maßgeblich über Lesefluss und -geschwindigkeit.

Eine Schrift mit breiten Buchstaben profitiert von längeren Zeilen, eine mit schmaleren hingegen von kürzeren. Das liegt an der enthaltenen Informationsmenge pro Zeile. Mit steigender Zeichenanzahl werden mehr Fixationen und Sakkaden pro Zeile benötigt (→ *Wie wir lesen, S. 44*). Somit wird durch die optimale Zeilenlänge die Anzahl der zu verarbeitenden Zeichen begrenzt und der Ermüdung während des Lesens entgegengewirkt.

Auch der regelmäßige, aber nicht zu häufige Rückschwung in die nächste Zeile gibt dem Leser einen erfrischenden Impuls. Ist dieser Weg allerdings zu weit, kommt es zu Schwierigkeiten beim Finden des neuen Zeilenanfangs – hier kann bis zu einem gewissen Grad ein vergrößerter Zeilenabstand helfen. Zu lange Zeilen bergen auch die Gefahr, dass der Leser seinen Kopf beim Lesen mitbewegen muss, sobald die Zeilenlänge den Radius seines Blickfeldes übersteigt, was zu einer raschen Ermüdung führt. Demgegenüber sorgen zu kurze Zeilen durch die häufigen Zeilenwechsel zu sehr unruhigem Lesen und obendrein stören ständige Worttrennungen Satzbild und Lesefluss noch zusätzlich.

Ein dichter Herbstnebel verhüllte noch in der Frühe die weiten Räume des fürstlichen Schloßhofes, als man schon mehr oder weniger durch den sich lichtenden Schleier die ganze Jägerei zu Pferde und zu Fuß durcheinander bewegt sah. Die eiligen Beschäftigungen der Nächsten ließen sich

FF Info Text Normal 8/10 Pt

Ein dichter Herbstnebel verhüllte noch in der Frühe die weiten Räume des fürstlichen Schloßhofes, als man schon mehr oder weniger durch den sich lichtenden Schleier die ganze Jägerei zu Pferde und zu Fuß durcheinan-

FF Clan Extended News 5,6/9,2 Pt

Die Zeilenlänge ist auch abhängig von der Schrift selbst. Eine schmale Schrift verträgt deutlich besser die kurzen Zeilen als eine breite, da aufgrund der sehr häufigen Zeilenwechsel und Worttrennungen kein Lesefluss entstehen kann.

Zeilenlänge und Punktgröße beeinflussen gemeinsam die optische Wirkung des Zeilenabstandes. Bei identischer Schriftgröße und gleichem Durchschuss scheint der Zeilenabstand bei kürzeren Zeilen (①) größer zu sein als bei längeren (②). Daher gilt: je länger die Zeilen, desto größer der Zeilenabstand. Ein großzügiger Durchschuss hilft außerdem dem Leser, beim Zeilenwechsel nicht in der Zeile zu verrutschen.

9/13 Pt — Ein dichter Herbstnebel verhüllte noch in der Frühe die weiten Räume des fürstlichen Schloßhofes, als man schon mehr oder weniger

9/10 Pt — Ein dichter Herbstnebel verhüllte noch in der Frühe die weiten Räume des fürstlichen Schloßhofes, als man schon mehr oder weniger

Zeilenabstand. Haben Sie die richtige Zeilenlänge für die gewählte Schrift und ihren vorgesehenen Einsatz gefunden, ermitteln Sie anschließend den passenden Zeilenabstand. Er beeinflusst einerseits den Grauwert des Textes, andererseits den gebotenen Lesekomfort. So führt ein geringer Durchschuss zu einem dunkleren Textbild.

> Bei zu geringem Zeilenabstand wird der Lesekomfort gemindert, da zum einen Ober- und Unterlängen zweier Zeilen sich überschneiden können, sodass ein eindeutiges Identifizieren der Buchstaben mehr Zeit in Anspruch nimmt. Zum anderen kann der Leser während des Lesens in den Zeilen verrutschen, beim Zeilenwechsel leicht eine Zeile überspringen oder dieselbe Zeile erneut fixieren. Ist der Zeilenabstand hingegen zu groß, verliert der Text seinen Zusammenhang. In beiden Fällen wird die Lesegeschwindigkeit herabgesetzt.

Der in Satzprogrammen wie Microsoft Word oder Adobe InDesign automatisch voreingestellte Zeilenabstand liegt bei 120 Prozent der Kegelhöhe. Oft ist das für ein angenehmes Lesen zu gering. Besonders Schriften mit einer hohen Mittellänge profitieren von zusätzlichem Raum zwischen den Zeilen, da sie mit ihrer x-Höhe bereits einen großen Teil der Zeilen ausfüllen, sodass der ausgleichende Weißraum zwischen den Zeilen geringer als bei anderen Schriften ausfällt.

9/9,5 Pt — Ein dichter Herbstnebel verhüllte noch in der Frühe die weiten Räume des fürstlichen Schloßhofes, als man schon mehr oder weniger durch den sich lichtenden Schleier die ganze Jägerei zu Pferde und zu Fuß durcheinander bewegt sah. Die eiligen Beschäftigungen der

9/11 Pt — Ein dichter Herbstnebel verhüllte noch in der Frühe die weiten Räume des fürstlichen Schloßhofes, als man schon mehr oder weniger durch den sich lichtenden Schleier die ganze Jägerei zu Pferde und

9/17 Pt — Ein dichter Herbstnebel verhüllte

noch in der Frühe die weiten

Räume des fürstlichen Schloßhofes,

als man schon mehr oder weniger

durch den sich lichtenden Schleier

die ganze Jägerei zu Pferde und

Der Zeilenabstand beeinflusst den Grauwert eines Textes. Je enger die Zeilen gesetzt werden, desto weniger Weißraum bleibt, um Helligkeit zu spenden. Die Wirkung des Grauwerts ist dabei von dem Verhältnis zwischen Zeilenlänge zu Zeilenabstand abhängig.

②

Ein dichter Herbstnebel verhüllte noch in der Frühe die weiten Räume des fürstlichen Schloßhofes, als man schon mehr oder weniger durch den sich lichtenden Schleier die ganze Jägerei zu Pferde und zu Fuß durcheinander bewegt sah. Die eiligen Beschäftigungen der Nächsten ließen sich erkennen: man verlängerte, man verkürzte die Steigbügel, man reich- — 9/13 Pt

Ein dichter Herbstnebel verhüllte noch in der Frühe die weiten Räume des fürstlichen Schloßhofes, als man schon mehr oder weniger durch den sich lichtenden Schleier die ganze Jägerei zu Pferde und zu Fuß durcheinander bewegt sah. Die eiligen Beschäftigungen der Nächsten ließen sich erkennen: man verlängerte, man verkürzte die Steigbügel, man reich- — 9/10 Pt

WAHRE SCHRIFTGRÖSSEN. Der Wert der Punktgröße gibt nur ein ungefähres Maß für die Größe einer Schrift an – tatsächlich kann der optische Eindruck extrem von der Punktangabe abweichen. Das liegt daran, dass sich ein Schriftzeichen mit seiner Größe dem vorhandenen Platz auf dem Kegel einpassen muss (→ *Schriftzeichen, S. 10*), sodass die Proportionen einer Schrift über ihre optische Größe entscheiden: Bei dominanten Oberlängen (wie hier unten bei der *Wade Sans*) wird die für die Leserlichkeit und Größenwirkung wichtige Mittellänge viel kleiner abgebildet als bei einer Schrift mit dezenteren Oberlängen *(Fedra Sans)*. Aus diesem Grund sollten Schriften auf eine ähnliche x-Höhe angepasst werden, um einen aussagekräftigen Vergleich zu erhalten. Allerdings nimmt auch die Ausprägung von Ober- und Unterlängen Einfluss auf die optische Größe einer Schrift, weshalb die Anpassung der Punktgrößen nur nach Augenmaß erfolgen kann – was zwangsläufig zu subjektiven Ergebnissen führt.

Identische Punktgröße & Typografie

Ein dichter Herbstnebel verhüllte noch in der Frühe die weiten Räume des fürstlichen Schloßhofes, als man schon mehr oder weniger durch den sich lichtenden Schleier die ganze Jägerei zu Pferde und zu Fuß durcheinander bewegt sah. Die eiligen Beschäftigungen der Nächsten ließen sich erkennen: man

Legilux Caption Regular 9/11 Pt

Ein dichter Herbstnebel verhüllte noch in der Frühe die weiten Räume des fürstlichen Schloßhofes, als man schon mehr oder weniger durch den sich lichtenden Schleier die ganze Jägerei zu Pferde und zu Fuß durcheinander bewegt sah. Die eiligen Beschäftigungen der Nächsten ließen sich erkennen: man verlängerte,

Fedra Sans Std Book 9/11 Pt

Ein dichter Herbstnebel verhüllte noch in der Frühe die weiten Räume des fürstlichen Schloßhofes, als man schon mehr oder weniger durch den sich lichtenden Schleier die ganze Jägerei zu Pferde und zu Fuß durcheinander bewegt sah. Die eiligen Beschäftigungen der Nächsten ließen sich erkennen: man verlängerte, man verkürzte die Steigbügel, man reichte sich Büchse und Patrontäschchen,

Mr Eaves Modern Regular 9/11 Pt

Ein dichter Herbstnebel verhüllte noch in der Frühe die weiten Räume des fürstlichen Schloßhofes, als man schon mehr oder weniger durch den sich lichtenden Schleier die ganze Jägerei zu Pferde und zu Fuß durcheinander bewegt sah. Die eiligen Beschäftigungen der Nächsten ließen sich erkennen: man verlängerte, man verkürzte die Steigbügel, man reichte sich Büchse und Patrontäschchen, man schob die Dachsranzen zurecht, indes die Hunde ungeduldig am Riemen den Zurückhaltenden mit fortzuschleppen drohten. Auch hie und da gebärdete

Wade Sans Light 9/11 Pt

Legilux Caption, Fedra Sans, Mr Eaves Modern und *Wade Sans* in 55 Pt

Wie groß eine Schrift wirkt, ist davon abhängig, wie die Lettern auf dem (virtuellen) Kegel platziert wurden. Ausschlaggebend ist dabei das Ausmaß von Ober- und Unterlängen, da das Schriftbild entsprechend verkleinert werden muss, bis sich das gesamte Zeichen in die Kegelhöhe einpasst. Auf diese Weise wird die für Größenwirkung und Leserlichkeit entscheidende x-Höhe bei gleicher Schriftgröße unterschiedlich groß dargestellt.

Optisch angepasste Punktgröße & Typografie

Ein dichter Herbstnebel verhüllte noch in der Frühe die weiten Räume des fürstlichen Schloßhofes, als man schon mehr oder weniger durch den sich lichtenden Schleier die ganze Jägerei zu Pferde und zu Fuß durcheinander bewegt sah. Die eiligen Beschäftigungen der Nächsten ließen sich erkennen: man

Legilux Caption Regular 9/11 Pt

Ein dichter Herbstnebel verhüllte noch in der Frühe die weiten Räume des fürstlichen Schloßhofes, als man schon mehr oder weniger durch den sich lichtenden Schleier die ganze Jägerei zu Pferde und zu Fuß durcheinander bewegt sah. Die eiligen Beschäftigungen der Nächsten ließen sich erkennen: man verlängerte, man verkürzte die

Fedra Sans Std Book 8/10,9 Pt

Ein dichter Herbstnebel verhüllte noch in der Frühe die weiten Räume des fürstlichen Schloßhofes, als man schon mehr oder weniger durch den sich lichtenden Schleier die ganze Jägerei zu Pferde und zu Fuß durcheinander bewegt sah. Die eiligen Beschäftigungen der Nächsten ließen sich erkennen: man verlängerte, man verkürzte die

Mr Eaves Modern Regular 11,6/12,1 Pt

Ein dichter Herbstnebel verhüllte noch in der Frühe die weiten Räume des fürstlichen Schloßhofes, als man schon mehr oder weniger durch den sich lichtenden Schleier die ganze Jägerei zu Pferde und zu Fuß durcheinander bewegt sah. Die eiligen Beschäftigungen der Nächsten ließen sich erkennen: man ver-

Wade Sans Light Plain 15,2/15 Pt

Um die Lesbarkeit zu wahren, sollte eine Schrift nicht ohne Anpassung der Typografie gegen eine andere ausgetauscht werden. Einerseits variiert die optische Größe bei gleichem Schriftgrad, andererseits erfordern die individuellen Proportionen ein eigenes Maß für Zeilenlänge und Durchschuss.

SATZART. Auch sie nimmt Einfluss auf die Lesbarkeit. Es wird zwischen drei Grundsatzarten unterschieden: Blocksatz, Flattersatz und Rausatz. Ergänzt werden diese durch den rechtsbündigen Flattersatz, mittelaxialen Satz sowie Formsatz. Letztere drei Satzarten stellen keine Option für längere Texte dar. Ihre sehr unregelmäßigen Zeilenanfänge sind für das lesende Auge nicht voraussehbar, sodass die Lesegeschwindigkeit und damit gleichbedeutend die Lesbarkeit stark beeinträchtigt wird.

Die verbreitetste Satzart ist der Blocksatz, der durch eine subtile Manipulation der Wortzwischenräume gleichlange Zeilen erzeugt und ein homogenes Seitenbild ermöglicht. Bei zu kurzen Zeilen entstehen dabei jedoch große Löcher oder zu viele Worttrennungen – beides mindert die Lesbarkeit erheblich. Auch in größeren Graden sollten Sie als Gestalter einen Blocksatz nach solchen Unregelmäßigkeiten untersuchen und mithilfe manueller Worttrennungen und minimaler Anpassungen der Laufweite zeilenweise korrigierend eingreifen. Eine weitere Möglichkeit zum Ausgleich bietet die Adobe InDesign-Option des *optischen Randausgleichs*. Durch sie werden Zeichen mit viel Weißraum (z. B. Interpunktionen) leicht über die Satzkante hinausgeschoben, sodass sie optisch bündig scheinen und der Blocksatz noch ausgeglichener ist.

Unregelmäßigkeiten im Satzbild entdecken Sie leicht, wenn Sie Ihr Layout mit zusammengekniffenen Augen und aus einem gewissen Abstand betrachten. Durch die verengte Linse werden auf die Entfernung keine Details, sondern nur noch Kontraste wahrgenommen, sodass helle oder dunkle Flecken deutlicher hervortreten.

Der Flattersatz mit seiner freieren rechten Satzkante bietet eine informellere Atmosphäre. Doch auch er sollte sorgfältig bearbeitet werden, sodass idealerweise die Zeilen regelmäßig von kurz auf lang wechseln und dabei einen einheitlichen Rhythmus beibehalten. Dabei sollte auf die Vermeidung missverständlicher Worttrennungen oder Trennungen von (Lebens-)Daten geachtet werden. Unter Umständen müssen für ein ausgeglichenes Flattern häufige Worttrennungen in Kauf genommen werden – insbesondere im Deutschen mit sehr langen zusammengesetzten Wörtern. Solange die Trennungen allerdings nicht sinnentstellend sind, beeinträchtigen sie die Lesbarkeit nicht zu stark. Der positive Einfluss des regelmäßigen Wortabstandes wiegt an dieser Stelle schwerer. Dies teilt auch der Rausatz, obwohl er oft noch häufigere Trennungen aufweist (Wörter mit nur fünf Lettern werden getrennt). Er fördert die Lesbarkeit, indem er durch seine kaum sichtbare Flatterzone der rechten Satzkante den Weißraum zwischen zwei Textspalten ausgleicht – besonders kurze Spalten profitieren hiervon.

Ein dichter Herbstnebel verhüllte noch in der Frühe die weiten Räume des fürstlichen Schloßhofes, als man schon mehr oder weniger durch den sich lichtenden Schleier die ganze Jägerei zu Pferde und zu Fuß durcheinander bewegt sah. Die eiligen Beschäftigungen der Nächsten ließen sich erkennen: man verlängerte, man verkürzte die Steigbügel, man reichte sich Büchse und Patrontäschchen, man schob die Dachsranzen zurecht, indes die Hunde

Linksbündiger Flattersatz ist die beste Satzart für eine optimale Lesbarkeit.

Ein dichter Herbstnebel verhüllte noch in der Frühe die weiten Räume des fürstlichen Schloßhofes, als man schon mehr oder weniger durch den sich lichtenden Schleier die ganze Jägerei zu Pferde und zu Fuß durcheinander bewegt sah. Die eiligen Beschäftigungen der Nächsten ließen sich erkennen: man verlängerte, man verkürzte die Steigbügel, man reichte sich Büchse und Patrontäschchen, man schob die Dachsranzen zurecht, indes die Hunde ungeduldig am Riemen den Zurückhalten-

Rausatz verbessert besonders bei mehrspaltigem Satz sowie schmalen Spalten die Lesbarkeit.

Ein dichter Herbstnebel verhüllte noch in der Frühe die weiten Räume des fürstlichen Schloßhofes, als man schon mehr oder weniger durch den sich lichtenden Schleier die ganze Jägerei zu Pferde und zu Fuß durcheinander bewegt sah. Die eiligen Beschäftigungen der Nächsten ließen sich erkennen: man verlängerte, man verkürzte die Steigbügel, man reichte sich Büchse und Patrontäschchen, man schob die Dachsranzen zurecht, indes die Hunde ungeduldig am Riemen den Zurückhaltenden mit

Der Blocksatz bietet ein sehr ausgeglichenes Textbild – allerdings nur, wenn er gewissenhaft ausgeglichen wurde.

Ein dichter Herbstnebel verhüllte noch in der Frühe die weiten Räume des fürstlichen Schloßhofes, als man schon mehr oder weniger durch den sich lichtenden Schleier die ganze Jägerei zu Pferde und zu Fuß durcheinander bewegt sah. Die eiligen Beschäftigungen der Nächsten ließen sich erkennen: man verlängerte, man verkürzte die Steigbügel, man reichte sich Büchse und Patrontäschchen, man schob die Dachsranzen zurecht,

Rechtsbündiger Flattersatz beeinträchtigt die Lesbarkeit durch die variierenden Zeilenanfänge sehr – insbesondere wenn die Flatterzone recht groß ausfällt.

Ein dichter Herbstnebel verhüllte noch in der Frühe die weiten Räume des fürstlichen Schloßhofes, als man schon mehr oder weniger durch den sich lichtenden Schleier die ganze Jägerei zu Pferde und zu Fuß durcheinander bewegt sah. Die eiligen Beschäftigungen der Nächsten ließen sich erkennen: man verlängerte, man verkürzte die

Ein unausgeglichener Blocksatz stört den Lesefluss durch große Löcher und zu häufige Worttrennungen, die vor allem bei engen Spalten auftreten. Besonders bei E-Readern führt der automatische Blocksatz häufig zu solch einem schlechten Lesekomfort.

Ein dichter Herbstnebel verhüllte noch in der Frühe die weiten Räume des fürstlichen Schloßhofes, als man schon mehr oder weniger durch den sich lichtenden Schleier die ganze Jägerei zu Pferde und zu Fuß durcheinander bewegt sah. Die eiligen Beschäftigungen der Nächsten ließen sich erkennen: man verlängete, man verkürzte die Steigbügel, man reichte

Wie beim rechtsbündigen Flattersatz erschweren auch beim mittelaxialen Satz die unregelmäßigen Zeilenanfänge das Lesen.

GEMEINE & VERSALIEN sind im Grunde gleich gut leserlich, wenn sie auf eine gemeinsame optische Größe angepasst werden. Eine gängige Faustformel dazu lautet, die Versalhöhe auf die x-Höhe anzupassen. Diese Methode erlaubt jedoch noch keinen fairen Vergleich der beiden Alphabete, da die Ober- und Unterlängen der Minuskeln über die x-Höhe hinausragen und die Strichstärke der Versalien beim Verkleinern auch dünner wird. Diese beiden Effekte fallen jedoch nur noch wenig ins Gewicht, wenn die Versalien lediglich leicht verkleinert werden (um etwa 18 Prozent). Dennoch sorgt unsere Lesegewohnheit dafür, dass besonders im Straßenverkehr die gemischte Schreibweise besser erkannt wird. Hingegen können dort, wo der horizontale Platz begrenzt ist (z. B. Orientierungssysteme oder Bus-Zielangaben), Versalien besser geeignet sein, weil es keine Unterlängen gibt. Diese Erkenntnisse beziehen sich allerdings lediglich auf die Erkennbarkeit eher kurzer Wörter auf Distanz und nicht auf die Eignung von Versalien im Fließtext. Dort wirkt sich grundsätzlich Versalsatz auf die Lesegeschwindigkeit aus.

Um einen fairen Vergleich der Leserlichkeit von Gemeinen und Versalien zu erhalten, sollten laut E. C. Poulton (Cambridge University) die Versalien um etwa 18 Prozent verkleinert werden (in seinem Test verwendete er die *Univers*).

Gleiche Punktgröße

Hamburg HAMBURG

Versalien um 18% verkleinert

Hamburg HAMBURG

Angleich der Versalhöhe auf x-Höhe

Hamburg HAMBURG

Univers 55 Roman

ÜBUNG:
Lesen Sie die in unterschiedlichen Schreibweisen
gesetzten Texte. Welcher lässt sich am leichtesten lesen?

DIE SCHREIBWEISE EINES TEXTES BEEINFLUSST DIE LESE-
GESCHWINDIGKEIT UND DAMIT DIE LESBARKEIT SEHR. UM DEN
LESEVORGANG OPTIMAL ZU UNTERSTÜTZEN, EIGNET SICH
AM BESTEN DER GEMISCHTE SATZ AUS MINUSKELN UND SUB-
STANTIVGROSSSCHREIBUNG. ER LIEFERT DEM AUGE ZUM
EINEN EINDEUTIGE ANHALTSPUNKTE FÜR DIE LOKALISATION
DER NÄCHSTEN FIXATION UND ZUM ANDEREN LASSEN SICH
DIE BUCHSTABEN SCHNELLER IDENTIFIZIEREN.

Die Schreibweise eines Textes beeinflusst die Lesegeschwindigkeit und damit die Lesbarkeit sehr. Um den
Lesevorgang optimal zu unterstützen, eignet sich
am besten der gemischte Satz aus Minuskeln und Substantivgroßschreibung. Er liefert dem Auge zum
einen eindeutige Anhaltspunkte für die Lokalisation der
nächsten Fixation und zum anderen lassen sich die
Buchstaben schneller identifizieren.

DiE sChReIbWeIsE eInEs TeXtEs BeEiNfLuSsT dIe LeSe-
GeSchWinDiGkEiT uNd DaMiT dIe LeSbArKeIt SeHr. Um DeN
lEsEvOrGaNg OpTiMaL zU uNtErStÜtZeN, eIgNeT sIcH
aM bEsTeN dEr GeMiScHtE sAtZ aUs MiNuSkElN uNd SuB-
sTaNtIvGrOßScHrEiBuNg. Er LiEfErT dEm AuGe ZuM
eInEn EiNdEuTiGe aNhAlTsPuNkTe FüR dIe LoKaLiSaTiOn
DeR nÄcHsTeN fIxAtIoN uNd ZuM aNdErEn LaSsEn SiCh
DiE bUcHsTaBeN sChNeLlEr IdEnTiFiZiErEn.

Die Schreibweise eines Textes beeinflusst die Lesegeschwindigkeit und damit die Lesbarkeit sehr. Um den
Lesevorgang optimal zu unterstützen, eignet sich
am besten der gemischte Satz aus Minuskeln und Substantivgroßschreibung. Er liefert dem Auge zum
einen eindeutige Anhaltspunkte für die Lokalisation
der nächsten Fixation und zum anderen lassen sich
die Buchstaben schneller identifizieren.

Legilux Caption
Filosofia Unicase

Versalsatz gilt laut zahlreicher Lesegeschwindigkeitstests als schlechter lesbar gegenüber dem Satz aus Gemeinen. Das liegt einerseits an der fehlenden Übung des Lesers, da er diese Schreibweise schlichtweg nicht gewohnt ist, andererseits an dem monotonen Satzbild. Dem Auge werden kaum Anhaltspunkte für den nächsten Fixationspunkt geliefert, sodass die Lesegeschwindigkeit deutlich herabgesetzt wird.

Gemischter Satz aus Minuskeln und Substantivgroßschreibung ist am leichtesten zu lesen. Das liegt nicht nur an unserer Gewohnheit, denn auch Sprachen, in denen für gewöhnlich nur Satzanfänge großgeschrieben werden, profitieren von dieser Schreibweise. Das liegt daran, dass versale Wortanfänge im peripheren Sichtfeld wesentlich weiter vom Fixationspunkt entfernt wahrgenommen werden als Gemeine, sodass das Wort schneller erkannt und damit der Lesefluss gefördert wird.

Wild gemischter Text aus Versalien und Gemeinen ist durch das extrem unruhige, ungewohnte Satzbild schwer lesbar. Für unser Gehirn macht es allerdings keinen Unterschied, welche Gestalt die Buchstaben annehmen (→ *Abstraktion, S. 56*).

Unicaseschriften bestehen aus Klein- und Großbuchstaben, deren Höhe aneinander angeglichen wurde, sodass ein versal anmutendes Satzbild entsteht und das Durcheinander des abwechselnd gesetzten Satzes umgangen wird. Solche Schriften sollten dennoch nur für Überschriften oder kurze Schriftzüge genutzt werden.

Detailtypografie

Die Lesbarkeit profitiert zusätzlich von der Beachtung kleinster typografischer Details, die das Beste aus einer Schrift herausholen. Mit ihrer Hilfe kann auch auf sprachspezifische Besonderheiten eingegangen werden.

LIGATUREN sind Verbindungen aus zwei bis drei Buchstaben zu einem Zeichen. Sie dienen bei bestimmten Zeichenkombinationen dazu, den Weißraum im Wort auszugleichen und damit den Rhythmus von Schwarz und Weiß beizubehalten sowie unschönes Aufeinandertreffen von zum Beispiel f-Tropfen und i-Punkt zu vermeiden. Ligaturen können aber auch als reines Schmuckelement verwendet werden, beispielsweise von *s* zu *t*. Um ein ausgeglichenes Satzbild und damit eine gute Lesbarkeit zu erzielen, sollten Ligaturen (sofern vorhanden) unbedingt genutzt werden.

häufig häufig
fließen fließen
affin affin
geschafft geschafft
Soufflé Soufflé

Legilux Text

fin fin fin fin fin fin fin
flo flo flo flo flo flo flo

Die gängigsten Ligaturen sind *fi* und *fl*. Dabei gibt es verschiedene Möglichkeiten der Gestaltung.

Von links nach rechts:
ITC Esprit, Eldorado Text, Legilux Caption, Levato, Optima nova LT Pro, Leitura Sans, TheSans

fi fl ff fb fh fj fk ft tt
fä fö fü ffi ffl fft
ff fi fl ft fä fö fü ffi ffl
ch ck ct sl sh sk sp st th

Die *DTL Fleischmann* verfügt über eine außerordentliche Auswahl an funktionalen und schmückenden Ligaturen. Diese *Schwungligaturen* (im Menü unter *Bedingte Ligaturen* zu finden) gewinnen dank der Möglichkeiten von *OpenType Features* seit einigen Jahren wieder an Beliebtheit.

In der »Detailtypografie« von Friedrich Forssman und Ralf de Jong (→ *Literaturhinweise, S. 178*) finden Sie eine umfassende Sammlung solcher typografischer Kniffe, die die Lesbarkeit fördern.

Detailtypografie

Ææ Œœ

Diphthonge der *Legilux Text*

Langes *s*, *z* und *ß* der
LT Luthersche Fraktur Dfr

Langes *s*, Schluss-*s* und *ß* der
DTL Fleischmann ATOT

ẞ ẞ ẞ ẞ ẞ

Varianten des *Versal-ß*
Espinosa Nova, Legilux Caption, Pensum Pro, Neue Frutiger LT Pro, Novecento Sans Wide

& & & & &
& & & & &
& & & & &
& & & & &

Das &-Zeichen kann verschiedenste Formen annehmen.

Die Diphthonge *Æ* und *Œ* sind überwiegend im Französischen und in nordeuropäischen Sprachen zu finden. Auch sie stellen Ligaturen dar.

Das *ß* erhielt seinen Namen *(Eszett)* durch die Ligatur aus *langem s* und *z* in Fraktur-Schriften. In der Antiqua bildet es sich aus einem *langen s* und einem *Schluss-s* – häufig ist noch der Anstrich des *langen s* erkennbar. Das *ß* kommt ausschließlich im deutschsprachigen Raum vor. Seit 2008 ist auch das *Versal-ß* im Unicode-Standard enthalten und 2017 beschloss der *Rat für deutsche Rechtschreibung* seine offizielle Einführung, da es im Versalsatz insbesondere bei Nachnamen für eine eindeutige Schreibweise sorgt. Dennoch wird der Sinn eines *Versal-ß* kontrovers diskutiert, da nie ein versales *langes s* existierte und somit auch keine Ligatur mit einem solchen möglich war. Eine neue, zum versalen Alphabet passende Form muss also erst noch entwickelt werden – derzeit existieren unterschiedliche Varianten. Gerade im internationalen Gebrauch kann das unbekannte Zeichen jedoch leicht mit einem *B* verwechselt werden.

Das &-Zeichen *(Ampersand, kaufmännisches Und)* ist eine Ligatur aus *e* und *t* für das lateinische Wort »et« (und). Früher wurde es zum Platzsparen eingesetzt, heute wird es nur noch für Firmennamen, dekorative Anwendungen oder Überschriften genutzt. Es ist ein Zeichen, bei dem der Schriftgestalter alle Freiheiten hat, sodass die ungewöhnlichsten Formen entstehen.

Requiem Display HTF, EF Artemisia, ITC Tiepolo, ITC Cerigo, FF Quadraat Italic

Francis Gradient, Whitman Italic, Fedra Sans, FF Scala Sans, Clearface Gothic

Nara Std, Meridien LT, Rotis Sans Serif, DTL Fleischmann ADOT Italic, Medici Script LT

Agmena Italic, Monotype Corsiva, Marat Italic, Trump Mediaeval Italic, Humana Sans ITC

KAPITÄLCHEN sind eine Art kleine Versalien mit der Strichstärke von Gemeinen und dienen der Auszeichnung. Gewöhnlich sind sie einen Tick höher als die x-Höhe und im Strich etwas breiter als die ursprünglichen Versalien, sodass sie mit den Gemeinen gleichwertig erscheinen. Die Kapitälchen fügen sich so besser als Versalien in das Textbild ein, sodass auch eine größere Menge nicht negativ auffällt. Verkleinern Sie hingegen lediglich normale Versalien, wirken diese neben den übrigen Buchstaben zu mager, sodass sie im Text unschön auffallen und die Lesbarkeit beeinträchtigt wird.

Mmm

Majuskel, echtes Kapitälchen und Minuskel. Alle Strichstärken sind aufeinander abgestimmt und erscheinen daher stimmig.

MOMO

Verkleinerte Versalien (links) im Vergleich zu echten Kapitälchen (rechts). Die zu magere Strichstärke wird deutlich.

Dieser Text zeigt, wie ECHTE und UNECHTE Kapitälchen im Fließtext wirken. Schon bei dieser einleitenden Demonstration wird deutlich, dass VERKLEINERTE VERSALIEN nicht ins Gesamtbild des Textes passen. Sie sind insgesamt zu dünn und fallen daher beim Betrachten des Textes sofort ins Auge. Echte Kapitälchen fügen sich bei GRÖSSERER MENGE GUT IN DEN FORTLAUFENDEN TEXT EIN, da ihre Strichstärke, Größe und Weite an die der Gemeinen angepasst wurde.

Adobe Garamond Regular und Small Caps & Oldstyle Figures

MEDIÄVALZIFFERN sind sozusagen die »gemeinen« Zahlen. Ähnlich wie die Minuskeln haben sie Ober-, Mittel- und Unterlängen, sodass sie sich in einen Fließtext besser einfügen. Versalziffern hingegen stehen durchweg auf der Grundlinie und reichen an die Höhe der Großbuchstaben heran, sodass sie aus einem Text hervortreten, besonders bei längeren Reihungen wie Daten. Um den Lesefluss nicht zu stören und das Auge nicht auf die Zahlen zu ziehen, sollten Sie daher im fortlaufenden Text unbedingt Mediävalziffern verwenden. Für den Satz von Tabellen existieren besondere Ziffern mit einheitlicher Zeichenbreite.

807453425096
110719807124
956307329450

Tabellenziffern (oben & Mitte versal, unten mediäval)

807453425596
110719807124
956307329450

Proportionale Ziffern

Tabellenziffern (sowohl Versal- als auch Mediävalziffern) haben identische Dickten. Sie stehen mittig auf ihrem Kegel, sodass sie in Tabellen exakt untereinander stehen und so die Lesbarkeit verbessern. Im Text fallen sie hingegen durch die unausgeglichenen Weißräume schnell negativ auf.

H1234567890

Versalziffern der *Legilux*

H1234567890

Mediävalziffern der *Legilux*

Diese drei Texte veranschaulichen, dass sich Mediävalziffern aufgrund ihrer Ober-, Mittel- und Unterlängen besser in einen Fließtext einfügen als Versalziffern. Die Mediävalziffern wurden zwischen 1100 und 1600 dem lateinischen Alphabet hinzugefügt. Die Versalziffern wurden hingegen erst im 19. Jahrhundert entwickelt. Insbesondere mehrstellige Zahlen wie Mengenangaben von 148,13 kg oder Jahreszahlen (1962) fallen so – besonders als Tabellenziffern – schnell auf.

Versalziffern für Tabellen
Legilux Caption 8/9,5 Pt

Diese drei Texte veranschaulichen, dass sich Mediävalziffern aufgrund ihrer Ober-, Mittel- und Unterlängen besser in einen Fließtext einfügen als Versalziffern. Die Mediävalziffern wurden zwischen 1100 und 1600 dem lateinischen Alphabet hinzugefügt. Die Versalziffern wurden hingegen erst im 19. Jahrhundert entwickelt. Insbesondere mehrstellige Zahlen wie Mengenangaben von 148,13 kg oder Jahreszahlen (1962) fallen versal gesetzt schneller auf.

Proportionale Versalziffern

Diese drei Texte veranschaulichen, dass sich Mediävalziffern aufgrund ihrer Ober-, Mittel- und Unterlängen besser in einen Fließtext einfügen als Versalziffern. Die Mediävalziffern wurden zwischen 1100 und 1600 dem lateinischen Alphabet hinzugefügt. Die Versalziffern wurden hingegen erst im 19. Jahrhundert entwickelt. Insbesondere mehrstellige Zahlen wie Mengenangaben von 148,13 kg oder Jahreszahlen (1962) harmonieren so besser mit dem Textbild.

Proportionale Mediävalziffern

SPRACHANPASSUNGEN. Eine Schrift passt sich beim Entwurf zwangsläufig an die Sprache des Gestalters an, da dieser für gewöhnlich (zumindest in der entscheidenden Anfangsphase) ihm geläufige Wörter und Texte zum Testen verwendet. Jede Sprache hat ihre eigenen Charakteristika. So kommen je nach Sprache bestimmte Buchstaben häufiger vor als andere – im Deutschen ist etwa das *e* sehr häufig. Auch prägen spezifische Buchstabenkombinationen, Akzente oder andere diakritische Zeichen das Schriftbild einer Sprache. Die Kombination *ch* oder *ck* tritt in kaum einer anderen Sprache als dem Deutschen so regelmäßig auf. Italienisch zeichnet sich hingegen durch viele Doppelkonsonanten wie *cc, ff, pp, tt* oder *zz* aus. In anderen Sprachen müssen sich zahlreiche Akzente harmonisch in das Satzbild einfügen, zum Beispiel im Französischen.

> Deutsch ist (auf das Satzbild bezogen) eine recht schwierige Sprache, da die Großschreibung aller Substantive die vielen Versalien im Text zur Folge hat und durch das Zusammensetzen von Wörtern extrem lange Wortgebilde entstehen. Eine Schrift englischen Ursprungs, die sich oft durch große, breite und kräftige Majuskeln auszeichnet, wirkt im deutschen Satz daher schnell unausgewogen, die Versalien stechen zu sehr aus dem Text hervor. Außerdem fallen ausgeprägte Ober- und Unterlängen durch ihre Häufigkeit im deutschsprachigen Satzbild auf. Für einen deutschen Text eignen sich daher besonders Schriften mit einer relativ hohen x-Höhe, gemäßigten Ober- und Unterlängen sowie zurückhaltenden Versalien.

Ein dichter Herbstnebel verhüllte noch in der Frühe die weiten Räume des fürstlichen Schloßhofes, als man schon mehr oder weniger durch den sich lichtenden Schleier die ganze Jägerei zu Pferde und zu Fuß durcheinander bewegt sah. ¶ Die eiligen Beschäftigungen der Nächsten ließen sich erkennen: man verlängerte, man verkürzte die Steigbügel, man reichte sich Büchse und Patrontäschchen, man schob die Dachsranzen zurecht, indes die Hunde ungeduldig am Riemen den Zurückhaltenden mit fortzuschleppen drohten. Auch hie und da gebärdete ein Pferd

Meridien LT Std Roman — Für den deutschsprachigen Satz von Adrian Frutiger optimiert, fügen sich die häufigen Versalien durch eine hohe Mittellänge harmonisch in das Satzbild ein.

Schriften in ihrer Muttersprache

Nove fiate già, appresso lo mio nascimento, era tornato lo cielo de la luce quasi a uno medesimo punto quanto a la sua propria girazione, quando a li miei occhi apparve prima la gloriosa donna de la mia mente, la qual fu da molti chiamata Beatrice, li quali non sapeano che si chiamare. ¶ Ell' era in questa vita già stata tanto, che nel suo tempo lo cielo stellato era mosso verso la parte d'oriente de le dodici parti l'una d'un grado: sí che quasi dal principio del suo anno nono apparve a me, ed io la vidi quasi da la fine del mio nono. Apparve vestita

Bodoni Book — Das senkrechte Schriftbild unterstreicht die italienische Sprache mit seinen vielen *n* und *m*, häufigen Doppelkonsonanten und wenigen Diagonalen.

It is a matter of constant interest the new text types continue to be created and added to the substantial list of those in current use – not to mention the many that have been relegated to history – yet in all of them the characters conform to certain rules of shape and structure which, it might be thought, would severely limit the possibility of new invention and individuality. ¶ The capital letters are the obvious ones to begin with, though Herbert Bayer would not have done so in 1925 at the Bauhaus. He wrote: 'Why should we write and print with two alphabets? We do not speak

Adobe Caslon Pro Regular — Da im Englischen nur Satzanfänge oder (Eigen-)Namen großgeschrieben werden, werden Versalien gerne recht groß und breit gestaltet.

Lorsque j'avais six ans j'ai vu, une fois, une magnifique image, dans un livre sur la Forêt Vierge qui s'appelait « Histoires Vécues ». Ça représentait un serpent boa qui avalait un fauve. Voilà la copie du dessin. On disait dans le livre : « Les serpents boas avalent leur proie tout entière, sans la mâcher. Ensuite ils ne peuvent plus bouger et ils dorment pendant les six mois de leur digestion. » ¶ J'ai alors beaucoup réfléchi sur les aventures de la jungle et, à mon tour, j'ai réussi, avec un crayon de couleur, à tracer mon premier dessin. Mon dessin numéro 1. Il

Garamond Premier Pro Regular — Französisch zeichnet sich insbesondere durch seine Akzente aus, die durch die großzügige Oberlänge reichlich Platz haben, um elegant zu stehen.

Schriften in einer Fremdsprache

Ein dichter Herbstnebel verhüllte noch in der Frühe die weiten Räume des fürstlichen Schloßhofes, als man schon mehr oder weniger durch den sich lichtenden Schleier die ganze Jägerei zu Pferde und zu Fuß durcheinander bewegt sah. ¶ Die eiligen Beschäftigungen der Nächsten ließen sich erkennen: man verlängerte, man verkürzte die Steigbügel, man reichte sich Büchse und Patrontäschchen, man schob die Dachsranzen zurecht, indes die Hunde ungeduldig am Riemen den Zurückhaltenden mit fortzuschleppen drohten. Auch hie und da gebär-

Im Deutschen fallen die großen Versalien auf und der charakteristische vertikale Rhythmus kann durch die fehlenden Doppelkonsonanten nicht entstehen.

Ein dichter Herbstnebel verhüllte noch in der Frühe die weiten Räume des fürstlichen Schloßhofes, als man schon mehr oder weniger durch den sich lichtenden Schleier die ganze Jägerei zu Pferde und zu Fuß durcheinander bewegt sah. ¶ Die eiligen Beschäftigungen der Nächsten ließen sich erkennen: man verlängerte, man verkürzte die Steigbügel, man reichte sich Büchse und Patrontäschchen, man schob die Dachsranzen zurecht, indes die Hunde ungeduldig am Riemen den Zurückhaltenden mit fortzuschleppen drohten. Auch hie und da gebärdete ein Pferd

Die markanten Versalien wirken durch die häufige deutsche Großschreibung störend und die eleganten Schwungligaturen fallen durch die Umlaute weniger ins Auge.

Ein dichter Herbstnebel verhüllte noch in der Frühe die weiten Räume des fürstlichen Schloßhofes, als man schon mehr oder weniger durch den sich lichtenden Schleier die ganze Jägerei zu Pferde und zu Fuß durcheinander bewegt sah. ¶ Die eiligen Beschäftigungen der Nächsten ließen sich erkennen: man verlängerte, man verkürzte die Steigbügel, man reichte sich Büchse und Patrontäschchen, man schob die Dachsranzen zu recht, indes die Hunde ungeduldig am Riemen den Zurückhaltenden mit fortzuschleppen drohten. Auch hie und da gebärdete ein Pferd sich mutiger, von feu-

Im deutschen Satz fehlen die prägenden Akzente, die Wörter sind länger, die häufigen Versalien und Oberlängen verdunkeln die Zeilen – die *Garamond* wirkt weniger elegant.

Die Gestalt einer Schrift wird auch durch die Muttersprache des Designers beeinflusst. Da jede Sprache ihre eigene Charakteristik aufweist, kann eine Schrift in einer anderen Sprache eine ganz anderes Bild abgeben – mitunter ein schlechteres. Aus diesem Grund sollten Sie einen Blindtext immer in der später dafür vorgesehenen Sprache setzen, um eine Schrift wirklich beurteilen zu können. Lateinisch eignet sich eher nicht, da es mit seinem sehr gleichmäßigen Sprachbild keine typografisch zu bewältigenden »Tücken« aufweist.

LAUFWEITE ANPASSEN. Um die Lesbarkeit einer Schrift in verschiedenen Punktgrößen zu unterstützen, kann es nötig sein, die Laufweite anzupassen. Dabei wird wie beim *Optical Scaling* (→ *S. 128*) proportional Weißraum zwischen allen Zeichen (Buchstaben, Satzzeichen, Wortabstände) hinzugefügt bzw. entfernt. Allerdings beschränkt sich hier der Zugriff des Typografen auf die Buchstabenabstände – Proportionen und Strichstärken der Zeichen bleiben unangetastet.

Die *Laufweite* gibt den generellen Zeichenabstand an. Im Layout-Programm InDesign wird sie in 1/1000 Geviert angegeben. Somit ist dort der Wert der Laufweite abhängig von den individuellen Geviert-Abmessungen einer Schrift sowie der gewählten Schriftgröße.

Die Zurichtung der meisten Schriften ist für die gängigen Lesegrößen (9–12 Pt) optimiert, weshalb kleinere Grade von einer zusätzlichen Spationierung (erhöhte Laufweite) profitieren. Aufgrund unserer optischen Wahrnehmung erscheint der Weißraum zwischen den Buchstaben in unterschiedlichen Schriftgrößen im Verhältnis nicht gleichbleibend. In kleinen Graden wirkt er kleiner, in großen hingegen größer (→ *Lichtbrechung, S. 38*). Um diesem Effekt entgegenzuwirken, hilft es, bei größeren Schriftgraden die Laufweite der Schrift zu verringern und sie in kleinen Graden zu vergrößern.

Wörter in Versalien sollten allerdings generell recht großzügig gesperrt (deutlich erhöhte Laufweite) und manuell ausgeglichen werden, da sie für die Paarung mit Gemeinen zugerichtet wurden und daher mehr Raum benötigen, wenn sie miteinander kombiniert werden. Moderne Schriften verfügen, sofern sie gut ausgebaut sind, über das OpenType Feature *Capital Spacing,* das diesem Mehraufwand ein Stück entgegenwirkt.

5 Pt (0)	Die Laufweite beeinflusst die Lesbarkeit.
5 Pt (+15)	Die Laufweite beeinflusst die Lesbarkeit.
9 Pt (0)	Die Laufweite beeinflusst die Lesbarkeit.
25 Pt (0)	Die Laufweite beeinflusst
25 Pt (-15)	Die Laufweite beeinflusst
18 Pt (0)	DIE LAUFWEITE BEEINFLUSST
18 Pt (+80)	DIE LAUFWEITE BEEINFLUSST

Standard-Laufweite (LW 0)

Ein dichter Herbstnebel verhüllte noch in der Frühe die weiten Räume des fürstlichen Schloßhofes, als man schon mehr oder weniger durch den sich lichtenden Schleier die ganze Jägerei zu Pferde und zu Fuß durcheinander bewegt sah. Die eiligen Beschäftigungen der Nächsten ließen sich erkennen: man verlängerte, man verkürzte die Steigbügel, man reichte sich Büchse und Patrontäschchen, man schob die Dachsranzen zurecht, indes die Hunde ungeduldig am Riemen den Zurückhaltenden mit fortzuschleppen drohten. Auch hie und da gebärdete ein Pferd sich mutiger, von feuriger Natur getrieben oder von dem Sporn des Reiters angeregt, der selbst hier in der Halbhelle eine gewisse Eitelkeit, sich zu zeigen, nicht verleugnen konnte. Alle jedoch warteten auf den Fürsten, der, von seiner jungen Gemahlin Abschied nehmend, allzu lange zauderte. Erst vor kurzer Zeit zusammen

5/7 Pt (0) — In kleinen Größen erscheinen die Weißräume kleiner, sodass die Buchstaben zu verschmelzen drohen.

Ein dichter Herbstnebel verhüllte noch in der Frühe die weiten Räume des fürstlichen Schloßhofes, als man schon mehr oder weniger durch den sich lichtenden Schleier die ganze Jägerei zu Pferde und zu Fuß durcheinander bewegt sah.

16/18 Pt (0) — In größeren Schriftgraden scheint der Weißraum hingegen verhältnismäßig größer, die Wörter wirken zu luftig.

Angepasste Laufweite

Ein dichter Herbstnebel verhüllte noch in der Frühe die weiten Räume des fürstlichen Schloßhofes, als man schon mehr oder weniger durch den sich lichtenden Schleier die ganze Jägerei zu Pferde und zu Fuß durcheinander bewegt sah. Die eiligen Beschäftigungen der Nächsten ließen sich erkennen: man verlängerte, man verkürzte die Steigbügel, man reichte sich Büchse und Patrontäschchen, man schob die Dachsranzen zurecht, indes die Hunde ungeduldig am Riemen den Zurückhaltenden mit fortzuschleppen drohten. Auch hie und da gebärdete ein Pferd sich mutiger, von feuriger Natur getrieben oder von dem Sporn des Reiters angeregt, der selbst hier in der Halbhelle eine gewisse Eitelkeit, sich zu zeigen, nicht verleugnen konnte. Alle jedoch warteten auf den Fürsten, der, von seiner jungen Gemahlin Abschied nehmend, allzu lange zauderte. Erst vor kurzer Zeit zusammen

5/7 Pt (+10) — Durch die erhöhte Laufweite profitiert in kleinen Größen das Schriftbild.

Ein dichter Herbstnebel verhüllte noch in der Frühe die weiten Räume des fürstlichen Schloßhofes, als man schon mehr oder weniger durch den sich lichtenden Schleier die ganze Jägerei zu Pferde und zu Fuß durcheinander bewegt sah.

16/18 Pt (-15) — Durch die verringerte Laufweite erhalten die Wörter wieder einen deutlichen Zusammenhalt und der Text erscheint ausgeglichener.

Durch die Anpassung der Laufweite wird in unterschiedlichen Schriftgrößen die Lesbarkeit gefördert. Versalien sollten generell mit einer deutlich erhöhten Laufweite gesetzt werden. Greift man in die Laufweite eines Textes ein, müssen vorhandene Ligaturen aufgelöst werden.

In Abhängigkeit von der dargestellten Größe verstärkt unsere Wahrnehmung die Wirkung von Weißräumen nicht proportional, sondern extremer: Kleine Weißräume erscheinen noch kleiner, große hingegen noch größer. Dem können Sie als Typograf durch die Anpassung der Laufweite entgegenwirken und so die Lesbarkeit verbessern. Dazu wird in kleinen Schriftgrößen die Laufweite erhöht, in großen verringert.

Schrift & Ausgabemedium

Schrift kommt auf verschiedenste Weisen und in unterschiedlichsten Medien zum Einsatz – auch die Umgebungsbedingungen variieren extrem. Jedes Einsatzgebiet stellt daher seine ganz eigenen Anforderungen an die verwendete Schrift.

DRUCKTECHNIK UND PAPIERWAHL sollten immer aufeinander, aber noch viel mehr sollte die Schriftwahl auf diese Rahmenbedingungen abgestimmt werden, da beide Faktoren das Schriftbild, und insbesondere die Leserlichkeit, entscheidend beeinflussen. Ein grob auflösendes Druckverfahren in Kombination mit einem dünnen, offenen Papier, wie man es von Werbeprospekten kennt, stellt sehr hohe Anforderungen an eine Schrift: Feine Haarlinien laufen Gefahr wegzubrechen, kleine Innenräume können zulaufen, die Strichstärke selbst erscheint fetter, da sie in die Papierstruktur ausläuft. Die Auswahl an geeigneten Schriften ist damit bereits deutlich eingeschränkt: Der Strichkontrast sollte gering sein, die Innenformen offen und die Zurichtung großzügig, damit die zerlaufenden Buchstaben nicht miteinander verschmelzen.

> Besonders die extremen Schrifttypen mit sehr feinen oder fetten Strichstärken bzw. Serifen, einem hohen Strichstärkenkontrast oder auch sehr schmalen Proportionen machen sich unter schwierigeren Druckbedingungen schnell negativ bemerkbar, indem Details verschwinden oder Zeichen verschwimmen. Aber auch die ganz gewöhnlichen Textschriften zeigen den Einfluss der verwendeten Drucktechnik in einem veränderten Schriftbild. Da die verschiedenen Druckverfahren zu unterschiedlichen Druckergebnissen führen, ist es hilfreich, gleich bei der Schriftwahl von vornherein die Rahmenbedingungen der späteren Produktion zu berücksichtigen – sofern sie denn schon bekannt sind. Im Zweifelsfall sollten Sie auf weniger extreme Schriften zurückgreifen, die auch mit schwierigeren Druckbedingungen zurechtkommen.

Das gewählte Papier beeinflusst die Erscheinung des Schriftbildes durch Oberflächenbeschaffenheit und Färbung. Zunächst wird zwischen gestrichenen und ungestrichenen Papieren unterschieden, die sich wiederum in etliche Farbtöne untergliedern. Beide Komponenten beeinflussen die Leserlichkeit der verwendeten Schrift.

Dieselbe Schrift unter verschiedenen Bedingungen: Offsetdruck auf einfach geglättetem Papier (oben) und Tintenstrahldruck auf offenem Papier (unten).

Drucktechnik und Papierbeschaffenheit nehmen großen Einfluss auf das letztendlich gebotene Schriftbild, vor allem auf die Strichstärken und Weißräume. Das Ergebnis kann enorm variieren – und im Extremfall die Leserlichkeit wesentlich beeinträchtigen.

Die Färbung des Papiers, die in etlichen Abstufungen von *bläulichweiß* über *hochweiß* bis *chamois* (deutlich gelblich) erhältlich ist, gibt die Helligkeit vor, mit der das Schriftbild interagiert. Je heller bzw. weißer das Papier, desto kräftiger strahlen die Weißräume, und die Farbe der Lettern wird immer mehr kompensiert, sodass die Schrift magerer erscheint (→ *Lichtbrechung, S. 38*). Hingegen wirkt dieselbe Type auf gelblichem Papier wesentlich kräftiger, da es dem Hintergrund an Leuchtkraft fehlt, sodass weniger von der Druckfarbe aufgehoben wird. Ein hochweißes Papier eignet sich unabhängig von der Schrift nicht für Lesetexte, da seine extreme Helligkeit das Auge anstrengt.

Die Oberflächenbeschaffenheit variiert zwischen *glänzend* und *matt* sowie *glatt* und *rau*. Auf gestrichenen (glatten) Papieren wird Schrift sehr scharf dargestellt. Besonders wenn solche Papiere sehr weiß und glänzend beschichtet sind, laufen feine Haarlinien Gefahr, überstrahlt zu werden. Bei Schriften mit einem hohen Strichstärkenkontrast tritt so die bereits dominante Senkrechte noch mehr hervor, sodass ein fleckiges Satzbild entsteht – die Lesbarkeit leidet erheblich. Bei der Verwendung solcher Papiere entscheidet daher die Wahl einer geeigneten Schrift über die gebotene Lesbarkeit. Vorteilhaft sind Schriften mit einer nicht zu mageren Strichstärke bei niedrigem Kontrast. Bei offenen Papieren ist genau das Gegenteil zu beachten: Da die Druckfarbe mehr oder weniger stark in die Papierstruktur ausläuft, verkleinern sich die Weißräume, die Strichstärke wirkt fetter und der Strichkontrast niedriger. Hier können extrem feine Haarlinien erst zum gewünschten eleganten Ergebnis führen.

Drucktechnik, Papierwahl und Verarbeitung sind drei Faktoren, die über die schlussendlich gebotene Lesbarkeit eines gedruckten Lesetextes bestimmen. Ein noch so gewissenhaft typografisch durchgearbeitetes Werk kann auch in der letzten Entstehungsphase noch unleserlich werden. Ein für die gewählte Bindung zu gering bemessener Bundsteg lässt Zeilenanfänge und -enden verschwinden, der Leser muss das Buch stark aufbiegen, die Seiten wölben sich – der Lesekomfort leidet. Stehen die Zeilen von Vorder- und Rückseite nicht exakt aufeinander, irritieren die durchscheinenden Zeichen. Papiervolumen und Grammatur bestimmen Umfang und Gewicht eines Buches – auch das beeinflusst den Lesekomfort. Mehr zu diesem Thema finden Sie in Willbergs »Erste Hilfe Typografie« (→ *Literaturhinweise, S. 178*).

Ein dichter Herbstnebel verhüllte noch in der Frühe die weiten Räume des fürstlichen Schloßhofes, als man schon mehr oder weniger durch den sich lichtenden Schleier die ganze Jägerei zu Pferde und zu Fuß durcheinander bewegt sah. Die eiligen Beschäftigungen der Nächsten ließen sich erkennen: man ver-

Die von der Rückseite durchscheinenden Zeilen verdunkeln das Satzbild der Vorderseite und irritieren beim Lesen.

Ein dichter Herbstnebel verhüllte noch in der Frühe die weiten Räume des fürstlichen Schloßhofes, als man schon mehr oder weniger durch den sich lichtenden Schleier die ganze Jägerei zu Pferde und zu Fuß durcheinander bewegt sah. Die eiligen Beschäftigungen der Nächsten ließen sich erkennen: man ver-

Stehen die Zeilen genau aufeinander, fällt das durchscheinende Schriftbild beim Lesen kaum mehr auf.

Bei beidseitigem Druck auf dünnerem Papier scheint die Rückseite immer leicht durch. Werden die Zeilen nicht an einem Grundlinienraster ausgerichtet oder halten beim Druck die Zeilen nicht Register, wird die Lesbarkeit sichtlich beeinträchtigt.

BILDSCHIRMDARSTELLUNG. Buchstaben digitaler Schriften werden mittels Vektoren gezeichnet und gespeichert, die kleinste Feinheiten im Design und eine verlustfreie Skalierung ermöglichen. Jedoch sind die meisten Ausgabegeräte nicht in der Lage, diese Vektoren wiederzugeben – sie müssen auf ein mehr oder weniger grobes Raster aus Bildpunkten übertragen werden. Diese Aufgabe übernimmt ein *Font-Rasterizer,* der in unterschiedlichen Ausführungen in Betriebssystemen, Druckern oder Belichtern enthalten ist. Da keine halben Rasterpunkte dargestellt werden können, gestaltet sich die Wiedergabe immer schwieriger, je gröber das Raster wird, was zum einen bei sinkender Auflösung und zum anderen bei kleiner werdender Schriftgröße geschieht (→ *Illustration, S. 169*).

> Die älteste Methode zur Abbildung von Vektoren ist die *Schwarz-Weiß-Wiedergabe*. Dabei werden Rasterpunkte schwarz dargestellt, sobald sie von der Vektor-Outline mindestens zur Hälfte geschnitten werden. Auf dieses Prinzip stützen sich noch heute Drucker, die so dank ihrer hohen Auflösung zu einer sehr guten Schriftdarstellung gelangen. Bei Bildschirmen führt jedoch die viel geringere Auflösung besonders bei Rundungen zu einem sehr stufigen Bild – kleinere Details sind nicht abbildbar.

Um diese äußerst grobe Darstellung zu verfeinern, wurde in den 1990er-Jahren das *Antialiasing* entwickelt. Es ermöglicht, die Helligkeit der einzelnen Pixel zu steuern und so Graustufen zu erzeugen. Je weniger die Outline ein Pixel überdeckt, desto heller leuchtet dieses auf. Auf diese Weise sehen wir deutlich weichere Konturen, und wesentliche Designdetails wie Strichkontrast oder Serifenformen können darstellt werden. Zwar entstehen dabei sehr schattenhafte Zeichen, doch unser Sehsystem interpretiert die Schattierungen schließlich wieder zu scharfen Umrissen, die der ursprünglichen Vektor-Outline sehr nahe kommen. Die weichzeichnenden Graustufen verkleinern allerdings die Weißräume, weshalb offene Formen und eine großzügige Zurichtung für die Bildschirmdarstellung vorteilhaft sind.

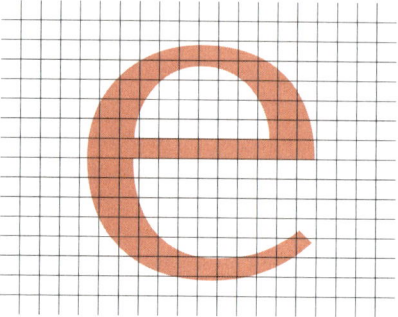

Vektor-Outline

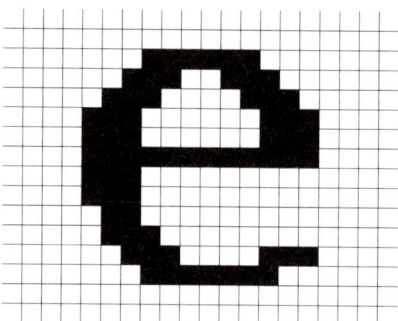

Schwarz-Weiß-Wiedergabe

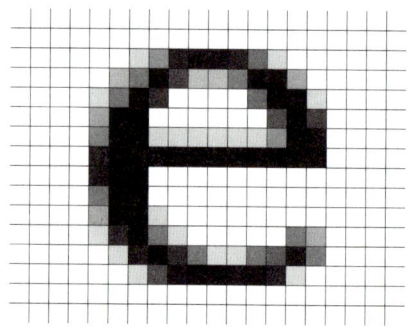

Graustufen-Wiedergabe (*Antialiasing*)

Die als Vektoren gespeicherten Buchstaben müssen auf ein Raster aus Bildpunkten übertragen werden, um dargestellt werden zu können. Die reine Schwarz-Weiß-Wiedergabe ergibt ein sehr rudimentäres, stufiges Bild. Das *Antialiasing* kaschiert diese grobe Darstellung durch Grautöne, sodass optisch eine wesentlich weichere Kontur entsteht.

Subpixel Rendering ermöglicht es, Schriften auf LCD-Bildschirmen noch detaillierter darzustellen. Es macht sich zunutze, dass Pixel aus drei Elementen bestehen, die sich horizontal aneinanderreihen: rote, grüne und blaue Subpixel (RGB). Sie steuern Helligkeit und Farbe. Da die Pixel allerdings so klein sind, nehmen unsere Augen nicht ihre einzelnen Farben, sondern nur Kontraste wahr. Leuchten alle drei Farbsegmente mit voller Intensität, erscheint uns ein Pixel daher weiß – bei geringerer Helligkeit sehen wir Grauschattierungen. Auf diese Art verdreifacht sich die Auflösung in der Horizontalen, sodass zum einen viel feinere Abstufungen bezüglich Strichstärke, Stammpositionierung und Buchstabenabstand möglich sind, zum anderen erscheint das Schriftbild insgesamt deutlich schärfer. Da die Pixel jedoch nur in der Horizontalen aus einzelnen Segmenten bestehen, funktioniert das Subpixel Rendering nicht in der Vertikalen, weshalb es dort durch Antialiasing unterstützt wird.

Ein Pixel besteht aus roten, grünen und blauen Subpixeln. Leuchten alle drei mit voller Intensität, sehen wir es als weiß.

Dieses Zusammenführen der beiden Technologien hat Microsoft bei seiner Version des Subpixel Rendering (*Clear-Type* seit Windows XP) vernachlässigt, sodass in größeren Schriftgraden Kurven nicht rund, sondern horizontal flach geschnitten erscheinen. Erst mit der Weiterentwicklung zu *DirectWrite* unter Windows 7 wurde die Ergänzung durch das Antialiasing nachgeholt. Außerdem ermöglicht es die Subpixel-Positionierung, sodass die Zurichtung einer Schrift besser umgesetzt werden kann, sich so ihr Rhythmus verbessert und die Leserlichkeit sichtlich profitiert. Man darf gespannt sein, wie sich die Verbreitung von hochauflösenden Retina-Displays auf die Schriftdarstellung auswirkt.

Das *Subpixel Rendering* ermöglicht in der Horizontalen eine Verdreifachung der Auflösung, indem es die drei Segmente (rot, grün, blau) einzeln anwählt, sodass eine sehr weiche Konturkante entsteht. In der Vertikalen muss aber weiterhin das Antialiasing unterstützen.

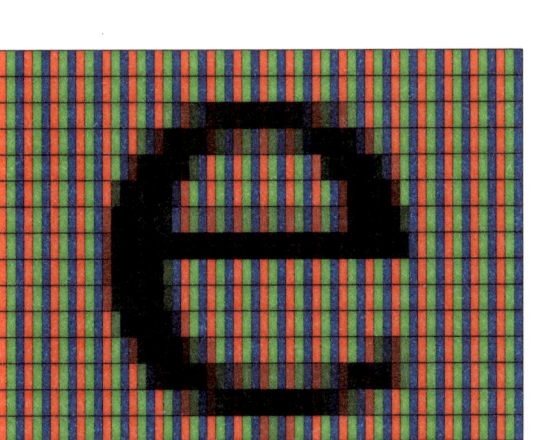

Subpixel Rendering auf LED-Bildschirm

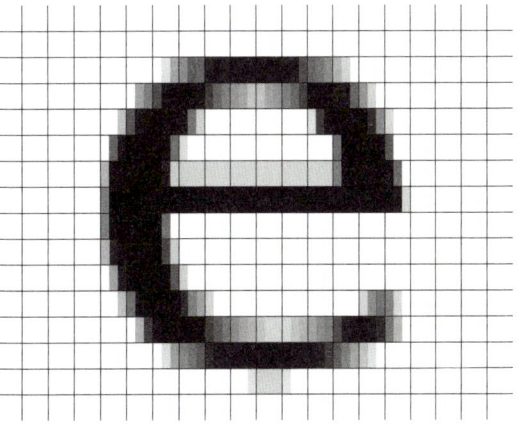

Subpixel Rendering in Kombination mit *Antialiasing*

Hinting ist eine zusätzliche Präzisierung der Schriftdarstellung am Bildschirm für Windows-Systeme. Es liefert dem Font-Rasterizer (→ *Bildschirmdarstellung, S. 166*) wichtige »Hinweise« *(hints)* über das Aussehen von Buchstaben – denn dieses entscheidende Wissen fehlt ihm. Der Schriftgestalter hinterlegt dazu im Font Informationen darüber, welche Striche die gleiche Dicke oder welche Rundungen den gleichen Verlauf haben. Je mehr solcher Instruktionen vorhanden sind, desto genauer kann der Rasterizer arbeiten und desto ebenmäßiger erscheint das Schriftbild. Es ist sogar möglich, für unterschiedliche Schriftgrößen spezifische Angaben zu machen, sodass besonders in kleinen Größen die Leserlichkeit gesichert wird. Allerdings ist das mit einem beträchtlichen Aufwand verbunden, weshalb nur eine Minderheit der Schriften ein derart ausgebautes Hinting vorweisen kann.

Fehlinterpretationen führen zu unausgewogenen Zeichen.

Das *Hinting* sorgt zwar für eine klare Form mit einheitlicher Strichstärke, es verändert aber die eigentliche Zeichenform.

> Bei Apple und Adobe kommt das Hinting allerdings nicht zum Einsatz. Der Rasterizer des von ihnen verwendeten *Quartz Rendering* versucht nicht die Buchstabenformen zu interpretieren, sondern bildet sie schlichtweg mittels Grautönen *(Antialiasing + Subpixel Rendering)* ab. Damit einher geht eine leichte Anpassung der Stammstärken, sodass dieselbe Schrift unter Mac OS zu dick und gleichzeitig unter Windows zu mager erscheinen kann. Beide Techniken haben ihre Vor- und Nachteile: Unter Windows werden Schriften sehr scharf dargestellt, die Buchstabenformen aber leicht verfälscht. Unter Mac OS entsteht ein weichgezeichnetes, gleichmäßiges Schriftbild, das mehr einer gedruckten Seite ähnelt. Das letztendliche Urteil fällt die Vorliebe des individuellen Nutzers.

Font-Rasterizer platzieren die Vektor-Outlines auf einem Raster, damit die mathematischen Informationen darstellbar werden. Je gröber das Raster wird bzw. je kleiner die Schriftgröße, desto schwieriger wird eine gute Darstellung. Durch eine ungünstige Ausrichtung auf dem Raster können Querstriche in der Höhe versetzt oder Strichstärken ungleichmäßig oder gar nicht angezeigt werden. Mit dem *Hinting* wird solchen Zufälligkeiten entgegengewirkt. Doch sind die Möglichkeiten vor allem in kleinen Größen begrenzt, sodass die Eigenheiten einer Schrift im kleinen Grad am groben Bildschirm verlorengehen.

Bitmapfonts umgehen all diese Darstellungsprobleme, indem sie von vornherein aus Pixeln aufgebaut werden. Da die Schriftinformationen jedoch als Bilddatei gespeichert werden, sind sie nicht verlustfrei skalierbar – es wird also für jedes Zeichen in jeder Größe eine eigene Rastergrafik benötigt. Der Vorteil dieser Fonts liegt darin, dass sie mit ihrer geringen Dateigröße sehr schnell verarbeitet werden, was sie besonders für Geräte mit sehr kleinen Chips oder begrenzter Kapazität attraktiv macht (z. B. für Geräteanzeigen von Kühlschränken, Taschenrechnern, Maschineninterfaces). Da durch das direkte Anwählen der Pixel allerdings ein stufiges Bild entsteht, eignen sich Bitmapfonts eher für Bereiche, in denen die Funktionalität und nicht eine besondere Ästhetik im Vordergrund steht.

Bitmapfonts wählen direkt einzelne Pixel aus, wodurch zwar eine getreue Darstellung garantiert wird, jedoch ein stufiges Bild entsteht.
Elementar Sans A Std 10 21 2

Schrift & Ausgabemedium 169

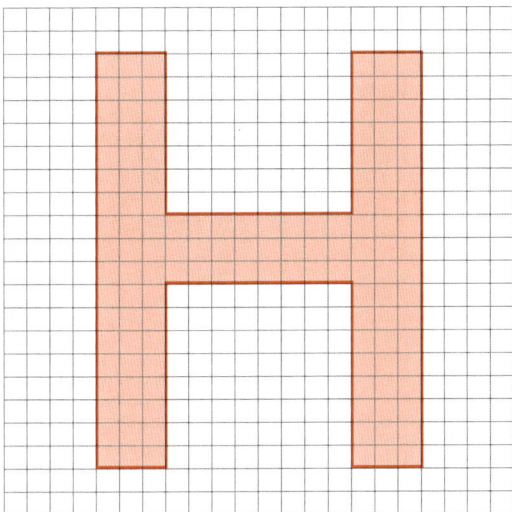

Auf dem Raster exakt platzierte Outlines führen zu einer korrekten Wiedergabe am Bildschirm.

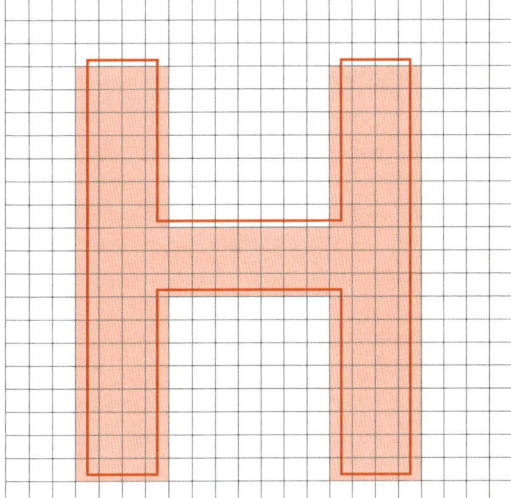

Durch die auf dem Raster verschobene Outline wird der Buchstabe zu fett und in der Höhe versetzt angezeigt.

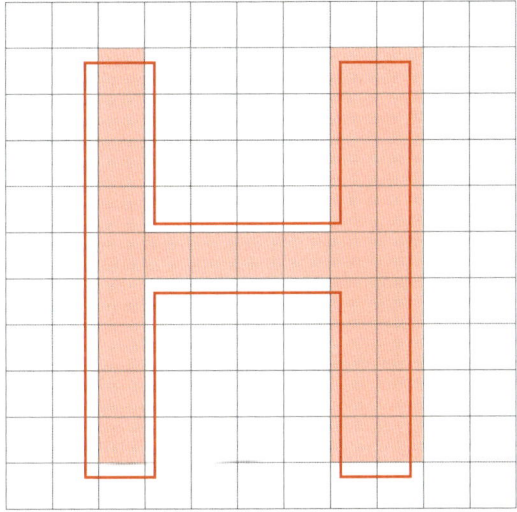

Durch die schlecht auf dem Raster sitzende Outline erscheint die Strichstärke mit unterschiedlicher Fette.

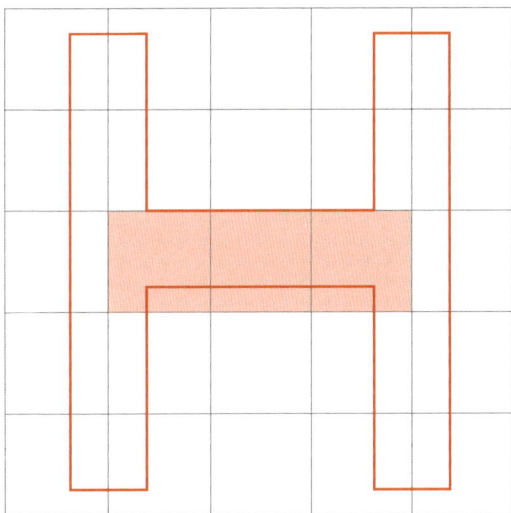

Die Stämme überdecken kein Pixel ausreichend, sodass lediglich der Querstrich rudimentär dargestellt wird.

Bitmapfont

ÄUSSERE EINFLÜSSE tragen wesentlich zur Leserlichkeit einer Schrift bei und sollten möglichst schon bei der Schriftgestaltung zielgerichtet mitbedacht werden. Je nach Anwendungsgebiet sollten die individuellen Bedingungen beachtet werden, damit eine Schrift die negativen Einflüsse bestmöglich kompensieren kann. Bei Leitsystemen etwa sollte die Schrift aus weiter Entfernung genauso mühelos wie aus spitzen Betrachtungswinkeln gelesen werden können – und das meist in kürzester Zeit. Auch beeinflussen Lichtverhältnisse und Wetterbedingungen sowie der Untergrund, auf dem die Schrift aufgebracht ist, die Leserlichkeit – und nicht zu vergessen das individuelle Sehvermögen des Betrachters. Diese anspruchsvollen Einsatzbereiche stellen sehr hohe Anforderungen an eine Schrift: klare Formen mit ausgeglichenen Proportionen, offenen Innen- und Zwischenräumen sowie eine mittlere Strichstärke mit möglichst geringem Kontrast.

Beton EF Bold Condensed — zu fette Strichstärke, zu fette Serifen, zu geringe Weißräume.

FF DIN Pro Medium — klar erkennbare Formen durch ausgeglichene Strichstärken und Abstände.

Bodega Sans Medium — zu fette Strichstärke, zu enge Innen- und Zwischenräume.

Neue Frutiger LT Pro Regular — ausgeglichene Proportionen, Strichstärken und Abstände.

Schriften für Orientierungssysteme müssen aus jedem Winkel ohne große Mühe zu lesen sein. Die Leserlichkeit profitiert dabei von einer nicht zu fetten Strichstärke mit niedrigem Strichstärkenkontrast, offenen Proportionen und Formen sowie einer großzügigen Zurichtung. Minuskeln werden schneller gelesen als Majuskeln – allerdings erst, wenn sie größer dargestellt werden, weshalb sie mehr horizontalen Platz benötigen.

Schrift & Ausgabemedium 171

handgloves

handgloves

Adobe Garamond Regular

handgloves

handgloves

Bauer Bodoni EF Regular

handgloves

handgloves

Legilux Caption Regular

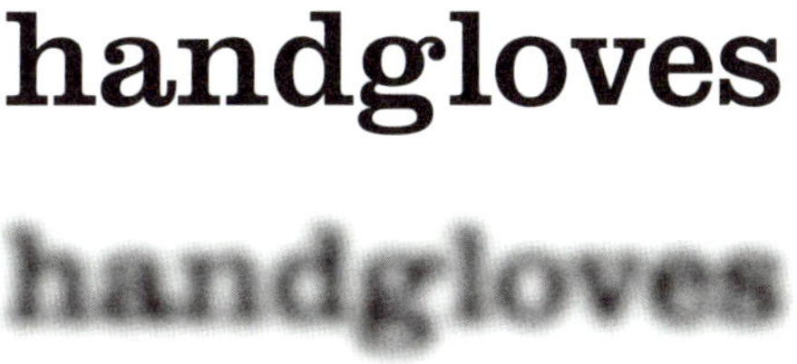

handgloves

handgloves

Clarendon LT Regular

handgloves

handgloves

Neue Frutiger LT Pro Regular

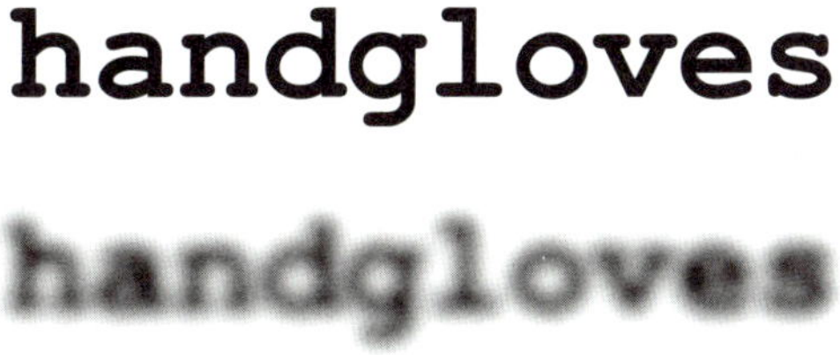

handgloves

handgloves

New Courier Bold

handgloves

handgloves

Neue Helvetica Regular

handgloves

handgloves

FF DIN Pro Regular

Sichtbehinderungen durch schlechtes Wetter, hohe Geschwindigkeit, Blickwinkel, Reflexion, Hintergrundbeleuchtung oder schlichtweg ein beschränktes Sehvermögen des Betrachters stellen Schriften auf eine harte Probe. Um trotz negativer Einflüsse ein möglichst klares Schriftbild zu gewährleisten, sind offene und eindeutige Formen, eine ausgewogene Strichstärke mit niedrigem Kontrast sowie eine großzügige Zurichtung Voraussetzung. Zu kleine Innenformen *(Adobe Garamond, New Courier)* laufen zu, ein zu hoher Strichstärkenkontrast betont zu stark die Senkrechte und feine Haarlinien brechen weg *(Bauer Bodoni)*. Aber auch eine zu enge Zurichtung erschwert die Leserlichkeit *(Neue Helvetica)*.

ANHANG

Index	172
Quellenverzeichnis	175
Schriftenverzeichnis	176
Literaturhinweise	178
Links	178
Dank	179
Über die Autorin	179
Impressum	180

Index

A

Abstraktion 56
Abstrich 110
Achse 11, 13, 27, 94, 96, 110
Alphabet 91
Ampersand 157
Anstrich 12
Antialiasing 166, 167, 168
Antiqua 21, 26
Arm 11
Atmosphere Value 22
Aufstrich 110

Augensprung 44
  Siehe auch *Sakkade*
Ausgabemedium 164–171
Ausgleichsserife 11, 98

B

Barock-Antiqua 13, 97, 122
Bauch 11
Bein 11
Bigramm 70
Bild 10

Bildpunkt 166
Bildschirmdarstellung 166
Bitmapfont 168
Bleisatz 10, 128
Blickfeld 42
  Siehe auch *Sehfeld*
Blinder Fleck 37, 41, 81
Blocksatz 152
Bogen 11
Bold 19
Breite 10, 104
  Siehe auch *Dickte;*
  Siehe auch *Proportion*

Buchstabe 10
Buchstabenabstand 14, 16, 27, 32, 104, 112, 136, 142, 167
Buchstaben-Detektor 53, 69
Buchstabendifferenzierung 60, 96, 118, 122, 124
  Siehe auch *Unterscheidungsmerkmal*
Buchstabenerkennung 50, 56
Buchstabenreihung 140

Index

C

Caption 19, 21, 23, 128, 129
Clear-Type 167
Condensed 19
Crowding 43

D

Designgröße 23, 128
Designlösung 124, 126, 128–135
Detailtypografie 15
Diagonale 83, 85, 87, 90, 96, 98
Dickte 10, 159
Diffusion 38
Diphthong 157
Display 23, 129
Displayschrift 28
Doppelkonsonanten 160
Drucktechnik 164
Duktus 18, 90, 116
Durchschuss 10, 146
 Siehe auch *Zeilenabstand*
Dynamisches Formprinzip 97, 110, 123

E

Egyptienne 28
Einlauf 11
Entfernung 24, 30, 170
Erkennbarkeit 30, 154
Erkennungsebene 68
Eszett 157
Et-Zeichen 157
Extended 19

F

Fähnchen 11, 126
Färbung 165
Farbwirkung 100, 165
 Siehe auch *Grauwert*
Fat Face 28
Fixation 42, 45, 136, 143, 148
Flattersatz 152
Fleisch 10
Font-Rasterizer 166, 168

Formenkanon 116
Formensprache 91, 116
Form & Gegenform 112, 130
Formgruppe 120
Formprinzip 96, 110, 122, 123
Formsatz 152
Fotorezeptor 36, 41
Fovea centralis 36, 41
Foveales Sehen 42, 45
Fremdsprachen 161
Fuß 11
Fußserife 12
 Siehe auch *Serife*

G

Gabelung 11
Gegenform 112, 130
Gemeine 90, 92, 94, 154, 158
Gesamtbild 116, 136
Geviert 11, 162
Glaskörper 37
Graphem 54, 70, 72
Grauwert 33, 92, 98, 105, 136, 138, 149
Größenkontrast 40
Groteskschrift 28, 31
 Siehe auch *Serifenlose*
Grundbuchstabe 18, 91
Grundform 50, 52, 87, 94
Grundlinie 11
Grundlinienraster 165
Grundstrich 11, 90, 106, 110
 Siehe auch *Stamm*

H

Haarlinie 11
 Siehe auch *Haarstrich*
Haarstrich 11, 90, 110, 128, 164, 171
Hals 11
Helligkeit 30, 40, 165, 170
Hinting 168
Höhe 10
Homonym 74
Horizontale Proportionen 104
Humanistisches Formprinzip 96, 110
Hybride 21

I

Ink Traps 133
Innenform 27, 122
Innenraum 13, 38, 104, 112, 115, 128, 136, 171

K

Kapitälchen 158
Kaufmännisches Und 157
Kegel 10, 136, 150
Kerning 15, 16, 142
Klassen-Kerning 142
Klassizistische Antiqua 13, 97, 110, 123
Konsultationsgröße 108, 122, 130, 133, 163
Konsultationstext 24
Kontrast 40
Kopfserife 12, 126
 Siehe auch *Serife*
Kursive 20
Kurve 11, 121

L

Landolt-Ringe 108
Langes s 157
Lattenzaun-Effekt 111
Laufweite 14, 162
Leitsystem 170
Lesbarkeit 32, 136, 143, 146, 152
Lesefluss 26, 94, 116, 126, 146, 148, 159
Lesegeschwindigkeit 46, 66, 149, 152, 154
Lesegröße 122, 148, 162
 Siehe auch *Lesetext*
Lesekomfort 126, 149, 153
Leseprozess 44, 143
Leserlichkeit 30, 39, 100–143
Lesetext 24, 26
Lesetypografie 146
Leseweg 74
Lexikalischer Weg 74
Lichtbrechung 38
Ligatur 156
Linke Schläfenregion 48
Look and Feel 22

M

Majuskel 91
 Siehe auch *Versalie*
Mediävalziffern 159
Merkmal-Abgleich 60
Merkmal-Detektor 69
M-Formel 134
Minuskel 90
 Siehe auch *Gemeine*
Mittellänge 11, 100, 102, 130, 149, 150
Mobile Fenster 46
Monospace 16
Morphem 72

N

Nachbreite 10, 14, 136, 140
Negativdruck 115
Neigungsachse 13
Netzhaut 36
 Siehe auch *Retina*
Neuronales Recycling 48
Neuronen 48, 58, 68, 70, 72
Notches 133

O

Oberflächenbeschaffenheit 165
Oberlänge 11, 27, 100, 102, 128, 130, 149, 150
Objekterkennung 48, 50
Oblique 21
Öffnung 11, 27, 95, 99, 108, 121, 130
Ohr 11
OpenType Features 128, 156, 162
OpenType Font Variations 128
Optical Scaling 128
Optischer Randausgleich 152
Optische Täuschung 80–87, 112, 134
Optotypen 108

P

Papier 164
Parafoveales Sehen 42, 45
Parallele Buchstaben-Erkennung 68
Peripheres Sehen 42, 45, 155
Phonem 54, 72
Phonologischer Weg 74
Pixel 167
Proportionale Ziffern 159
Proportionen 23, 100, 114, 128, 130, 148, 170
Protobuchstabe 50, 52
Pseudowort 43, 66
Punktgröße 10, 146, 150
 Siehe auch *Schriftgröße*
Punze 11, 94
 Siehe auch *Innenraum*

Q

Quartz Rendering 168
Querstrich 11, 83, 94

R

Rasterizer 166, 168
Rasterpunkt 166
Rausatz 152
Region der visuellen Wortformen 49, 54
Regression 44
Regular 19
Renaissance-Antiqua 13, 97, 110, 122
Retina 36, 41, 42, 69, 80
Rückschwung 148
Rundung 86, 94, 99, 110, 136

S

Sakkade 44, 46, 143, 148
Sans Serif 122
 Siehe auch *Serifenlose*
Satzart 67, 152
Satzbild 160
Schaft 92
 Siehe auch *Stamm*

Schattenachse 13
Schautext 24
Scheitel 11
Schenkel 11
Schlaufe 11
Schluss-s 157
Schriftbild 10, 160, 164
Schriftdarstellung 167, 168
Schriftgrad 10
 Siehe auch *Schriftgröße*
Schriftgröße 10, 102, 128, 146, 148, 150
Schriftklassifikation 13, 122
Schriftschnitt 19, 23, 128
Schriftsystem 52
Schriftwahl 22, 151
Schriftzeichen 10, 150
Schulter 11
Schwarz-Weiß-Wiedergabe 166
Schweif 11
Sehen 36, 38, 41, 42
Sehfeld 41, 42, 44, 47, 143
Sehgrube 37, 41
Sehnerv 37, 41
Sehrinde 48, 50, 52, 54
Sehsystem 36, 44, 51, 56, 64, 166
Serife 11, 12, 94, 96, 101, 116, 121, 122, 126
Serifenlose 97, 118, 122
Serifenschrift 92, 96, 118, 122
 Siehe auch *Antiqua*
Sichtbehinderung 30, 171
Sichtfenster 41, 42
Signalisationstext 24, 108, 122
Spiegelstadium 64
Spiegelsymmetrie 64
Spitze 11
Sporn 11
Sprachanpassung 160
Stäbchen 41
Stamm 11, 92, 96, 104, 136
 Siehe auch *Grundstrich*
Statisches Formprinzip 110, 123
Steg 11
Stimmung 22, 116
Strichauslauf 94
Strichkontrast 11, 13, 27, 110

 Siehe auch *Strichstärkenkontrast*
Strichstärke 19, 23, 90, 104–109, 112, 114, 128, 164, 170, 171
Strichstärkenkontrast 11, 13, 90, 110, 114, 130, 170, 171
Stroop-Effekt 78
Subhead 23, 129
Subpixel Rendering 167

T

Tabellenziffern 159
Testwörter 137, 140
Text 23, 129
Textarten 24, 122
Textschrift 26, 100, 107, 134
Top-Down- und Bottom-Up-Prozess 68
Transparenz der Sprache 76
Tropfen 11, 94, 125
Typografie 32, 146

U

Überlauf 11
Überstrahlung 110, 171
Und-Zeichen 157
Unterlänge 11, 27, 100, 102, 128, 130, 149, 150
Unterscheidungsmerkmal 62, 94, 96, 118, 124, 127

V

Variable Fonts 128
Vektor 166
Versal-Eszett 157
Versalhöhe 11, 98
Versalie 91, 98, 154, 158, 160, 162
Versalziffern 159
Vertikale Proportionen 102
Verwandschaftsgrad 90
Verwechslungsgefahr 118–121
Viertelgeviert 143
Vorbreite 10, 14, 136, 140

W

Wahrnehmungsspanne 46
Wahrnehmungstäuschung 80–87
Weißraum 23, 36, 38, 85, 94, 112, 139, 156, 162, 165
 Siehe auch *Innenraum*;
 Siehe auch *Punze*;
 Siehe auch *Zwischenraum*
Weiterverarbeitung 165
Wortabstand 45, 143
Wortbilder 66
Wort-Detektor 69
Worterkennung 66–77
Worttrennung 148, 152
Wortüberlegenheits-Effekt 66, 68
Wortzwischenraum 152

X

x-Höhe 11, 102, 150
 Siehe auch *Mittellänge*

Z

Zapfen 41
Zeichenabstand 162
 Siehe auch *Buchstabenabstand*
Zeilenabstand 10, 33, 146, 149
Zeilenlänge 146, 148
Ziffernformat 159
Ziliarmuskel 37
Zurichtung 14, 128, 130, 136, 138, 140, 171
Zwischenraum 14, 39, 104, 136, 139

Quellenverzeichnis

ABBILDUNGEN

S. 20—Schriftprobe der schrägen Kursive
Földes-Papp, Károly: *Vom Felsbild zum Alphabet. Die Geschichte der Schrift von ihren frühesten Vorstufen bis zur modernen lateinischen Schreibschrift.* Stuttgart 1966 (Lizenzausgabe: Bayreuth 1975), S. 202.

S. 25—Textarten Autobahn
Wikipedia: *Bundesautobahn 8.*
https://de.wikipedia.org/wiki/Bundesautobahn_8#/media/File:A_8_Dreieck_Inntal_%282009%29.jpg (07.01.2017).

S. 26—Erste Antiqua
Wikipedia: *Erste Antiqua von Nicolas Jenson.*
https://commons.wikimedia.org/wiki/File:Jenson_1475_venice_laertius.png (07.01.2017).

S. 40—Größenkontrast
eigene Darstellung nach: Beveratou, Eleni: *The impact of typedesign in the reading process of the visually impaired.* Reading 2011, Fig. 27.

S. 43—Sehfeld & Crowding
eigene Darstellung nach: Pelli, Denis: *How we read letters.* Webfontday, München 2014.
https://www.youtube.com/watch?v=jIGmnPYYnDk&index=7&list=PLSooZfPnyNmFJoaXqpjilDvBo90T218_l (07.01.2017).

S. 49—Die linke Schläfenregion
eigene Darstellung nach: Dehaene, Stanislas: *Lesen. Die größte Erfindung der Menschheit und was dabei in unseren Köpfen passiert.* München 2010, Anhang Abb. 2.5.

S. 51—Protobuchstaben
eigene Darstellung nach: Dehaene, S. 152.

S. 55—Netzwerke des Lesens
eigene Darstellung nach: Dehaene, Anhang Abb. 2.2.

S. 61—Merkmal-Abgleich
eigene Darstellung nach: Fiset, D.; Blais, C.; Éthier-Majcher, C.; Arguin, M.; Bub, D.; Gosslin, F.: *Features for Identification of Uppercase and Lowercase Letters.* in: Psychological Science, Nov. 2008, Vol. 19, Nr. 11, S. 1161–1168, Fig. 2.

S. 69—Parallele Buchstaben-Erkennung
eigene Darstellung nach: Dehaene, S. 59.

S. 73—Wörter mit Baumstruktur
eigene Darstellung nach: Dehaene, S. 37.

S. 77—Fehlerquote Transparenz der Sprache
eigene Darstellung nach: Dehaene, S. 263.

S. 102—Vertikale Proportionen
eigene Darstellung nach: Beier, Sofie: *Reading Letters. Designing for legibility.* Amsterdam 2012, S. 90f.

S. 120—Formgruppen
eigene Darstellung nach: Beier, S. 73.

S. 121—Besser leserliche Buchstabenformen
eigene Darstellung nach: Beier, S. 74f.

S. 123—Formprinzipien
eigene Darstellung nach: Pool, Albert-Jan.

S. 166f—Bildschirmdarstellung
eigene Darstellung nach: Ahrens, Tim: *A Closer Look at Font Rendering.* Smashing Magazine, 24.04.2012.
https://www.smashingmagazine.com/2012/04/a-closer-look-at-font-rendering/ (31.03.2017).

S. 168—Hinting
eigene Darstellung nach: Larson, Kevin: *The Technology of Text. Type designers, psychologists, and engineers are joining forces to improve reading onscreen.* IEEE Spectrum, 01.05.2007.
http://spectrum.ieee.org/computing/software/the-technology-of-text (01.04.2017).

S. 171—Sichtbehinderungen
eigene Darstellung nach: Pool, Albert-Jan: *Funktionale Serifen?* Design made in germany, Heidelberg 2012.
https://www.designmadeingermany.de/2014/2564/ (02.07.2017).

TEXTE

Blindtext
Johann Wolfgang von Goethe: *Novelle.* Hamburger Ausgabe, Band 6, Kapitel 1. zit. nach:
http://gutenberg.spiegel.de/buch/novelle-3639/1 (27.05.2016).

S. 141—Testwörter
Ruder, Emil: *Typographie. Ein Gestaltungslehrbuch.* 7. Auflage, 2001, S. 72–73 (1. Auflage 1967) zit. nach: Karen Cheng: *Anatomie der Buchstaben.* Mainz 2006, S. 223.

S. 160—Sprachanpassungen
Italienisch: Alighieri, Dante: *Vita Nuova.*
http://www.classicitaliani.it/dante/prosa/vitanova_casini.htm (07.01.2017).

Englisch: Tracy, Walter: *Letter of Credit. A view of type design.* London 1986, S. 56.

Französisch: Saint-Exupéry, Antoine de: *Le Petit Prince.* Editions Gallimard 1946 (Héron, Jean-Olivier; Marchand, Pierre: *Collection folio junior.* Bourges 1984), S. 9.

Schriftenverzeichnis

Dieses Buch wäre ohne die zahlreichen Schriftbeispiele nicht dasselbe geworden. Wir danken allen Schriftgestaltern und Foundries für ihre freundliche Unterstützung mit Lizenzen für die angeführten Schriftfamilien.

Commercial Type
commercialtype.com
Lyon Text *Regular*

DS Type
dstype.com
Braga *Base*
Leitura Sans Two *Medium*
Viska Serif *Book*

Dutch Type Library
dutchtypelibrary.nl
DTL Fleischmann ATOT *Regular*
DTL Fleischmann TOT *Caps*
DTL Fleischmann ADOT *Italic*
DTL Documenta Sans TOT *Regular*

Elsner+Flake
fonts4ever.com
Bauer Bodoni EF *Regular*
Beton EF *Bold Condensed*
EF Artemisia *Light*
Futura EF *Book*
Rage Italic EF
Schneidler EF *Medium*
Stymie EF *Bold Condensed*
Typoart Caslon Gotisch TH *Regular*

Font Bureau
fontbureau.typenetwork.com
Armada *Black Compressed*
Bodega Sans *Medium*
Eldorado *Text Roman, Micro Regular*
Interstate Compressed *Ultra Black*
Whitman *Roman, Italic*

Frere-Jones Type
frerejones.com
Retina Standard *Light, Book, Medium, Bold*
Retina MicroPlus *Light, Book, Medium, Bold*

Luzia Hein
luziahein.com
Yves

Hoefler & Co.
typography.com
Gotham *Thin, Black, Ultra*
Requiem Display HTF *Roman*

House Industries
houseind.com
Neutraface 2 Display *Inline*
Plinc Chicamakomiko

Thomas Huot-Marchand
256tm.com
Minuscule *2, 3, 4, 5, 6 – Regular, Italic*

HVD Fonts
hvdfonts.com
Brandon Grotesque *Regular*

Just Another Foundry
justanotherfoundry.com
Facit *Regular*

Lucas Fonts
lucasfonts.com
The Antiqua B *Plain*
The Serif *Regular*, *Black*
The Sans *Extra Light, Light, Semi Light, Regular, Semi Bold, Bold, Extra Bold, Black*

Monotype
monotype.com/de
myfonts.com
Adobe Caslon Pro *Regular*
Adobe Garamond *Regular, Small Caps & Oldstyle Figures*
Adobe Jenson *Regular*
Agmena W1G *Book, Italic*

Antique Olive *Roman*
Arial *Bold*
Avenir Next *Regular, Medium, Demi Bold*
Bell Centennial *Bold Listing, Name & Number, Adresse*
Bodoni *Book, Poster*
Clarendon LT *Regular*
Cochin *Regular*
Courier New *Bold*
Didot LT Pro *Roman*
DIN 1451 *Mittelschrift*
Fairfield LT Std *55 Medium, 56 Medium Italic, 55 Medium Caption*
FF Absara *Regular*
FF Avance *Regular*
FF Balance *Roman*
FF Celeste *Regular, Italic*
FF Clan *News, Compressed News, Compressed Black, Condensed News, Extended News, Narrow News, Wide News*
FF Clifford Six *Roman*
FF DIN Pro *Regular, Medium*
FF Eureka Sans *Medium*
FF Info Text *Normal*
FF Kievit *Black*
FF Meta Pro *Normal*
FF Quadraat *Regular, Italic*
FF Scala Sans *Regular*
FF Unit *Regular*
Fournier Mt *Regular*
Frutiger Neue LT Pro *Regular*
Futura *Book*
Garamond Premier Pro *Display, Subhead, Regular, Caption – Regular*
Gill Sans Std *Regular, Italic, Shadow*
Helvetica Neue *Regular, 75 Bold Outline*
ITC Avant Garde Gothic Std *Extra Light, Medium*
ITC Cerigo Std *Book*

Schriftenverzeichnis 177

ITC Charter BT *Roman, Italic, Bold, Bold Italic, Black*
ITC Esprit *Book*
ITC Fenice Std *Regular*
ITC Humana Sans *Medium*
ITC Johnston *Medium*
ITC Legacy Serif *Book*
ITC New Baskerville *Roman*
ITC Tiepolo Std *Book*
ITC Vintage *Regular*
Kepler *Display, Subhead, Regular, Caption – Regular*
Koch Antiqua *Regular*
Levato Std *Regular*
Libelle LT Pro *Regular*
Linotype Didot *Bold*
LT Luthersche Fraktur Dfr
Medici Script LT Std *Medium*
Meridien LT Std *Roman*
Minion *Italic Swash*
Monotype Corsiva *Regular*
New Caledonia *Italic, Medium, Small Caps & Old Style Figures*
Optima nova LT Pro *Regular*
Palatino nova *Regular*
Parisian Std
Posterama *1913 Bold*
Rameau Pro *Regular*
Rotis Sans Serif Std *55 Regular*
Sabon *Roman*
Serifa *55 Roman*
Stempel Garamond *Italic*
Stilla LT Std *Regular*
Stymie BT *Extra Bold Condensed*
Swift Neue LT Pro *Regular*
Trade Gothic LT *Regular*
Trump Mediaeval *Italic*
Univers *55 Roman*
Vectora LT Pro *46 Light Italic, 55 Roman, 56 Italc, 75 Bold*
Wade Sans Light *Plain*

Björn Schumacher
bjoerngrafik.de
Text Type Caption *Regular*

Typemates
typemates.com
Cera Pro *Black*
Conto Slab *Black*
Pensum Pro *Regular*

Typotheque
typotheque.com
Elementar Sans A Std *10 21 2*
Fedra Sans Std *Book*
Fedra Serif B *Demi*
Francis Gradient *Left*
Nara Std *Light*

Ludwig Uebele
uebele.com
Marat *Italic*

URW++
urwpp.de
Clearface Gothic *Regular*
Corporate A *Regular*
Egyptienne Condensed D *Bold*
ITC Clearface *Regular*
ITC Weidemann *Book*
News Gothic *Regular*
URW Wood Type D *Regular*

Des weiteren verwendete Schriften
Abril Fatface
Anodyne Shadow
Branding *Light Italic*
Calluna *Regular*
Calluna Sans *Regular*
Eksell Display *Large*
Espinosa Nova *Regular*
Graviola *Regular*
Filosofia Unicase
Henriette *Black*
Impara *Light*
Legilux *Headline, Subhead, Text – Regular; Caption – Regular, Book, Italic*
Legilux Sans *Regular*
Mila Script Pro
Mr Eaves Modern *Regular*
Mutlu Ornamental
Noteworthy *Bold*
Novecento Sans Wide *Normal*
Nexa Rust Slab *Black Shadow 01*
Open Sans *Regular*
Oric Neo *Stencil*
PT Sans Narrow *Regular*
Questa *Regular*
Questa Grande *Regular*
Ropa Sans PTT *Italic*
Scriber *Bold Stencil*
Sofia *Regular*
Silom *Regular*
Trashed
TT Lakes *Medium*
Ubuntu Mono *Regular*

Die *Legilux*, die in diesem Buch für Anmerkungstexte, Bildunterschriften und zahlreiche Beispiele verwendet wird, entwickelt die Autorin gegenwärtig zu einer umfangreichen Schriftfamilie: Es entstehen eine Antiqua in vier optischen Größen sowie eine Serifenlose – jeweils mit passender Kursive und voraussichtlich in vier bis fünf Strichstärken. Seit Winter 2016 wird die *Legilux* als Teil einer empirischen Untersuchung zur Leserlichkeit von Druckschriften, die gemeinsam von Björn Schumacher und Antonia M. Cornelius betrieben wird, auf Herz und Nieren geprüft. Informationen über die Entwicklung der *Legilux* sowie den Zeitpunkt der Veröffentlichung erhalten Sie unter:

legilux-typeface.com

Literaturhinweise

Ahrens, Tim; Mugikura, Shoko: *Size-specific adjustments to type designs. An investigation of the principles guiding the design of optical sizes.* München 2014.

Beier, Sofie: *Reading Letters. Designing for legibility.* Amsterdam 2012.

Bollwage, Max: *Buchstabengeschichte(n). Wie das Alphabet entstand und warum unsere Buchstaben so aussehen.* Graz 2010.

Cheng, Karen: *Anatomie der Buchstaben. Basiswissen für Schriftgestalter.* Mainz 2006 (2. Auflage 2013).

Dehaene, Stanislas: *Lesen. Die größte Erfindung der Menschheit und was dabei in unseren Köpfen passiert.* München 2010 (2012).

DIN Deutsches Institut für Normung e.V.: *DIN 1450:2013-04 Schriften – Leserlichkeit.* Berlin 2013.

Ditzinger, Thomas: *Illusionen des Sehens. Eine Reise in die Welt der visuellen Wahrnehmung.* Heidelberg 2006 (2., vollständig überarbeitete u. erweiterte Auflage, Berlin/Heidelberg 2013).

Filek, Jan: *Read/ability. Typografie und Lesbarkeit.* Sulgen 2013.

Forssman, Friedrich und Jong, Ralf de: *Detailtypografie.* Mainz 2002 (5. Auflage 2014).

Gorbach, Rudolf Paulus: *Lesen Erkennen. Ein Symposium der Typografischen Gesellschaft München.* München 2000.

Henestrosa, Cristóbal; Meseguer, Laura; Scaglione, José: *How to create typefaces. From sketch to screen.* Madrid 2017.

Hochuli, Jost: *Das Detail in der Typografie.* Sulgen/Zürich 2005 (2., überarbeitete Auflage 2011).

Jong, Stephanie de; Jong, Ralf de: *Schriftwechsel. Schrift sehen, verstehen, wählen und vermitteln.* Mainz 2008.

König, Anne Rose: *Lesbarkeit als Leitprinzip der Buchtypographie. Eine Untersuchung zum Forschungsstand und zur historischen Entwicklung des Konzeptes »Lesbarkeit«.* Alles Buch: Studien der Erlanger Buchwissenschaft VII, Buchwissenschaft / Universität Erlangen-Nürnberg, Erlangen 2004.

Kupferschmid, Indra: *Buchstaben kommen selten allein. Ein typografisches Handbuch.* Sulgen/Zürich 2003 (2., überarbeitete Auflage 2009).

Larson, Kevin: *The Science of Word Recognition. Or how I learned to stop worrying and love the bouma.* Advanced Reading Technology, Microsoft Corporation July 2004.

Pohlen, Joep: *Letterfontäne: (über Buchstaben); [die Anatomie der Schrift; das ultimative Handbuch zur Typografie].* Köln 2011 (4. Auflage, 2. dt. Fassung).

Sauthoff, Daniel; Wendt, Gilmar; Willberg, Hans Peter: *Schriften erkennen. Eine Typologie der Satzschriften für Studierende, Grafik-Designer, Mediengestalter und andere Alphabeten.* Mainz 1981 (13. Auflage 2014).

Tracy, Walter: *Letters of Credit. A view of type design.* London 1986.

Unger, Gerard: *Wie man's liest.* Sulgen/Zürich 2009.

Willberg, Hans Peter: *Wegweiser Schrift. Was passt – was wirkt – was stört?* Mainz 2001 (5., ergänzte u. überarbeitete Auflage 2017).

Willberg, Hans Peter; Forssman, Friedrich: *Erste Hilfe in Typografie. Ratgeber für Gestaltung mit Schrift.* Mainz 1999 (8., überarbeitete Auflage 2017).

Willberg, Hans Peter; Forssman, Friedrich: *Lesetypografie.* Mainz 1997 (4., überarbeitete Auflage 2005, 5. Auflage 2010).

Wolf, Maryanne: *Das lesende Gehirn. Wie der Mensch zum Lesen kam – und was es in unseren Köpfen bewirkt.* Heidelberg 2009 (2010, 2014).

Links

Auch im Internet findet sich eine Fülle an interessantem Material zu den Themen dieses Buches. Zu einer Zusammenstellung von Vorträgen, Artikeln, Studien, informativen Websites und dergleichen gelangen Sie über den QR-Code.

Dank

Mein besonderer Dank gilt Jovica Veljović, der mir die Welt der Schriften eröffnete, in der ich mich mittlerweile so zuhause fühle. Ohne seine bedingungslose Unterstützung wäre es mir nicht möglich gewesen, dieses Buch in der hier vorliegenden Form zu realisieren.

Albert-Jan Pool danke ich für sein stets offenes Ohr, die konstruktive Kritik sowie die vielseitigen Anregungen, die vieles erst durch das entscheidende Detail auf den Punkt brachten.

Bei meinen Verlegern Karin und Bertram Schmidt-Friderichs möchte ich mich für das in die einstige Bachelorarbeit gesetzte Vertrauen bedanken, die sich in den vergangenen zwei Jahren durch die tolle Zusammenarbeit zu diesem Buch entwickelt hat.

Auch bedanke ich mich an dieser Stelle noch einmal sehr herzlich bei allen Designern und Foundries, die mich mit Lizenzen für die im Schriftenverzeichnis (S. 176) aufgeführten Fonts unterstützten.

Über die Autorin

Antonia M. Cornelius (*1989) steht bei Drucklegung des Buches kurz vor ihrem Masterabschluss in Kommunikationsdesign mit Schwerpunkt Schriftgestaltung bei Jovica Veljović an der Hochschule für Angewandte Wissenschaften (HAW) Hamburg.

Die Begeisterung für Schriften entwickelte sie bereits zu Beginn ihres Studiums und durch die Gestaltung der ersten eigenen Textschrift wurde aus anfänglicher Intuition nach und nach Erfahrung. Die entstandene *Legilux*, die 2016 den ersten Publikumspreis des Morisawa Type Design Wettbewerbs gewann, erwies sich schon früh als besonders in kleinen Größen sehr leserlich.

Angetrieben von der Frage, was ihre Schrift besser leserlich macht als andere, legt Antonia M. Cornelius vermehrt einen Schwerpunkt ihrer Arbeit auf die Leserlichkeitsforschung. Dazu nutzte sie 2016/17 auch zwei Gastsemester bei Albert-Jan Pool an der Muthesius Kunsthochschule in Kiel.

antoniacornelius.com

Impressum

© 2017
Verlag Hermann Schmidt und bei der Autorin
Erste Auflage

Alle Rechte vorbehalten.
Dieses Buch oder Teile dieses Buches dürfen nicht ohne die schriftliche Genehmigung des Verlages vervielfältigt, in Datenbanken gespeichert oder in irgendeiner Form übertragen werden.

Die Klärung der Rechte wurde vom Autor nach bestem Wissen vorgenommen. Soweit dennoch Rechtsansprüche bestehen, bitten wir die Rechteinhaber, sich an den Verlag zu wenden.

Gestaltung und Satz: Antonia M. Cornelius
Korrektorat: Karoline Deissner, Sandra Mandl
Verwendete Schriften: Legilux (Antonia M. Cornelius), Vectora LT Pro (Adrian Frutiger) sowie zahlreiche weitere Schriften (→ *Schriftenverzeichnis, S. 176*).
Papier: 150 g/m² Salzer Touch White FSC
Gesamtherstellung: Kösel, Altusried

verlag hermann schmidt
Gonsenheimer Straße 56
55126 Mainz
Tel. 06131/50 60 0
Fax 06131/50 60 80
info@verlag-hermann-schmidt.de
www.verlag-hermann-schmidt.de
facebook: Verlag Hermann Schmidt
twitter: VerlagHSchmidt

ISBN 978-3-87439-895-4
Printed in Germany with Love.

Wir übernehmen Verantwortung.
Nicht nur für Inhalt und Gestaltung, sondern auch für die Herstellung.

Das Papier für dieses Buch stammt aus sozial, wirtschaftlich und ökologisch nachhaltig bewirtschafteten Wäldern und entspricht deshalb den Standards der Kategorie »FSC Mix«.

Die Druckerei ist FSC- und PEFC-zertifiziert. FSC (Forest Stewardship Council) und PEFC (Programme for the Endorsement of Forest Certification Schemes) sind Organisationen, die sich weltweit für eine umweltgerechte, sozialverträgliche und ökonomisch tragfähige Nutzung der Wälder einsetzen, Standards für nachhaltige Waldwirtschaft sichern und regelmäßig deren Einhaltung überprüfen. Durch die Zertifizierung ist sichergestellt, dass kein illegal geschlagenes Holz aus dem Regenwald verwendet wird, Wäldern nur so viel Holz entnommen wird, wie natürlich nachwächst, und hierbei klare ökologische und soziale Grundanforderungen eingehalten werden.

»Die Zukunft sollte man nicht vorhersehen wollen, sondern möglich machen.« ANTOINE DE SAINT-EXUPÉRY

Bücher haben feste Preise!
In Deutschland hat der Gesetzgeber zum Schutz der kulturellen Vielfalt und eines flächendeckenden Buchhandelsangebotes ein Gesetz zur Buchpreisbindung erlassen. Damit haben Sie die Garantie, dass Sie dieses und andere Bücher überall zum selben Preis bekommen: Bei Ihrem engagierten Buchhändler vor Ort, im Internet, beim Verlag. Sie haben die Wahl. Und die Sicherheit. Und ein Buchhandelsangebot, um das uns viele Länder beneiden.